什么是农学？

WHAT IS AGRICULTURE?

陈温福　主审
于海秋　周宇飞　徐正进　编著

大连理工大学出版社
Dalian University of Technology Press

图书在版编目(CIP)数据

什么是农学? / 于海秋,周宇飞,徐正进编著. --
大连 :大连理工大学出版社,2021.9(2023.8 重印)
ISBN 978-7-5685-2993-8

Ⅰ. ①什… Ⅱ. ①于… ②周… ③徐… Ⅲ. ①农学—
普及读物 Ⅳ. ①S3-49

中国版本图书馆 CIP 数据核字(2021)第 071873 号

什么是农学? SHENME SHI NONGXUE?

策划编辑:苏克治
责任编辑:于建辉　邵　青
责任校对:陈　玫　董歆菲
封面设计:奇景创意

出版发行:大连理工大学出版社
(地址:大连市软件园路 80 号,邮编:116023)
电　　话:0411-84708842(发行)
0411-84708943(邮购)　0411-84701466(传真)
邮　　箱:dutp@dutp.cn
网　　址:https://www.dutp.cn

印　　刷:辽宁新华印务有限公司
幅面尺寸:139mm×210mm
印　　张:5.5
字　　数:96 千字
版　　次:2021 年 9 月第 1 版
印　　次:2023 年 8 月第 5 次印刷
书　　号:ISBN 978-7-5685-2993-8
定　　价:39.80 元

出版者序

高考，一年一季，如期而至，举国关注，牵动万家！这里面有莘莘学子的努力拼搏，万千父母的望子成龙，授业恩师的佳音静候。怎么报考，如何选择大学和专业？如愿，学爱结合；或者，带着疑惑，步入大学继续寻找答案。

大学由不同的学科聚合组成，并根据各个学科研究方向的差异，汇聚不同专业的学界英才，具有教书育人、科学研究、服务社会、文化传承等职能。当然，这项探索科学、挑战未知、启迪智慧的事业也期盼无数青年人的加入，吸引着社会各界的关注。

在我国，高中毕业生大都通过高考、双向选择，进入大学的不同专业学习，在校园里开阔眼界，增长知识，提

升能力，升华境界。而如何更好地了解大学，认识专业，明晰人生选择，是一个很现实的问题。

为此，我们在社会各界的大力支持下，延请一批由院士领衔、在知名大学工作多年的老师，与我们共同策划、组织编写了“走进大学”丛书。这些老师以科学的角度、专业的眼光、深入浅出的语言，系统化、全景式地阐释和解读了不同学科的学术内涵、专业特点，以及将来的发展方向和社会需求。希望能够以此帮助准备进入大学的同学，让他们满怀信心地再次起航，踏上新的、更高一级的求学之路。同时也为一向关心大学学科建设、关心高教事业发展的读者朋友搭建一个全面涉猎、深入了解的平台。

我们把“走进大学”丛书推荐给大家。

一是即将走进大学，但在专业选择上尚存困惑的高中生朋友。如何选择大学和专业从来都是热门话题，市场上、网络上的各种论述和信息，有些碎片化，有些鸡汤式，难免流于片面，甚至带有功利色彩，真正专业的介绍文字尚不多见。本丛书的作者来自高校一线，他们给出的专业画像具有权威性，可以更好地为大家服务。

二是已经进入大学学习，但对专业尚未形成系统认知的同学。大学的学习是从基础课开始，逐步转入专业基础课和专业课的。在此过程中，同学对所学专业将逐步加深认识，也可能会伴有一些疑惑甚至苦恼。目前很多大学开设了相关专业的导论课，一般需要一个学期完成，再加上面临的学业规划，例如考研、转专业、辅修某个专业等，都需要对相关专业既有宏观了解又有微观检视。本丛书便于系统地识读专业，有助于针对性更强地规划学习目标。

三是关心大学学科建设、专业发展的读者。他们也许是大学生朋友的亲朋好友，也许是由于某种原因错过心仪大学或者喜爱专业的中老年人。本丛书文风简朴，语言通俗，必将是大家系统了解大学各专业的一个好的选择。

坚持正确的出版导向，多出好的作品，尊重、引导和帮助读者是出版者义不容辞的责任。大连理工大学出版社在做好相关出版服务的基础上，努力拉近高校学者与读者间的距离，尤其在服务一流大学建设的征程中，我们深刻地认识到，大学出版社一定要组织优秀的作者队伍，用心打造培根铸魂、启智增慧的精品出版物，倾尽心力，

服务青年学子，服务社会。

“走进大学”丛书是一次大胆的尝试，也是一个有意义的起点。我们将不断努力，砥砺前行，为美好的明天真挚地付出。希望得到读者朋友的理解和支持。

谢谢大家！

2021 年春于大连

序　言

谈及农学，我们就会联想起“锄禾日当午，汗滴禾下土”的诗句，眼前浮现出农民伯伯“面朝黄土背朝天”辛勤劳作的场景。

我从大学到硕士、博士研究生直至到国外留学，学的都是农学。每每被亲朋好友问及农学是学什么的，常常一时语塞，只能回答说是研究种地的。种地还要学那么长时间？这个问题还真的不是用一两句话就能说清楚的。

人类自出现以来，一直是以采集和狩猎为生的。约在1万年前，才开始由采集和狩猎转变为驯化饲养动物和栽培植物，由此形成了培育动植物生产食物和其他生活原料的第一产业——农业，根据群居部落人数以及农作物的分布和养殖业的情况，人类社会化为更小的定居群体，同样血缘的人逐渐聚集在一起，进而形成了“家”的

形式。史前甲骨文的“家”字意指门之内有猪，标志着彼时人类社会就已经由采集狩猎进入农耕时代。

农业的劳动对象是有生命的动植物。于是，我们把利用动植物生长发育规律，通过人工培育来获得农产品的各个行业统称为农业，研究农业的科学则统称为农学。农学有广义和狭义之分，广义的农学包括农林牧副渔及其经营管理等农业科学知识；狭义的农学则是指以种植业为主要研究内容的农业科学。我国农业发展历史悠久，农业科学源远流长，博大精深，在科技史上曾谱写出《齐民要术》《农政全书》《天工开物》等光辉篇章。

老百姓居家过日子，“开门七件事，柴米油盐酱醋茶”，家庭中所用的必需品大都来自农业；国以民为本，民以食为天，手中有粮，心中不慌，说的则是农业的重要性。随着科技进步与社会发展，人民生活水平不断提高，对农产品的需求逐渐增加，生活方式也在逐渐改变。传统的“开门七件事”已与旧时有别，例如“柴”，大部分已被煤、电、天然气、液化石油气等取代。从开门七件事到“六畜兴旺，五谷丰登”，农业特别是农学的基本概念、内涵和外延都已与时俱进，发生了根本的改变。农业已不再仅仅是培育动植物的种植业和养殖业，也包括微生物产业、产后加工以及以休闲为主体的农业服务业等。新技术革命，特别是生物技术和信息技术与农业的交叉融合，更是赋予了现代农业以全新的“大农业”内涵，农业科学研究的内容更加广泛、深入。现在国家大力实施乡村振兴战略，推进农业高质量发展和农业现代化，为农学展示了美好的愿景。我们有理由相信，幸遇千载难逢新时代的农学人，将在现代农业发展和乡村振兴伟大事业中，大展宏图、建功立业，再创辉煌。

《什么是农学？》详细介绍、解读了农业科学的方方面面，是一部深入浅出、通俗易懂的农业科普读物，旨在让人们了解农业和农学的前世、今生与未来。我很高兴把它推荐给有志于爱农、学农、务农的朋友们，相信它一定能成为大家的良师益友。

陈温福

（中国工程院院士）

2021 年 4 月

目　录

农史：人类文明发展的基石

五谷者万民之命，国之重宝。

——贾思勰

农耕文明是人类史上的第一种文明形态。原始农业的发展，使人类从食物的采集者变为食物的生产者，标志着生产力的第一次飞跃。

▶▶农学的发端

人类诞生后的很长一段时间里都依靠采猎为生，距今1万年左右才开始栽培植物和饲养动物。那么，人类是如何从采猎到农耕的呢？

➡➡从采猎到栽培

人类在长达大约两百五十万年的时间里都靠采猎为生，无论什么人种，都会采集水果，捕猎野羊，但不会去管果树长在哪片山上结的果子甜，羊吃哪片草才能长得肥。无论他们走到哪里都依赖野生动植物为生，不会特别干

预动植物的生长状况。

在旧石器时代早期，人类主要靠使用粗加工的石器、木棒等猎取小动物为生。石器常常作为敲开骨头的工具。人类看到一群狮子在大口吃着长颈鹿时，耐心等待，等狮子吃饱后还不能着急，就算狮子吃完了，还有豺狼等着，等它们把狮子剩下的肉吃干抹净，最后才轮到人类，唯一还能供人类美餐一顿的只有骨髓了。

慢慢地到了中石器时代，人类开始学着对石器进行简单的细加工。随着人类智力的发展和经验的积累，新石器时代到来了。距今一万两千年左右，人类不仅能对石器进行精致加工，还可以打制出不同种类的工具：有可以猎取大型动物的长矛、弓、石球等，还有用骨头磨制而成的鱼骨钩和鱼叉。这些工具中的一部分慢慢发展为农业用具，如砍树用的斧子、挖穴点播用的尖木棒等。

原始时期，人类一直处于食物链的中间位置，在长达数万年的时间里，人类只会采集水果、猎杀动物，同时也免不了成为大型动物的腹中之食。大约十万年前，人类崛起，一跃占据食物链的顶端。到底是什么促成了这场从中端到顶端的大跳跃呢？对自然力的使用可以说是跃出这一步的关键。

早在大约八十万年前，已经有少部分人会使用火。到约三十万年前，人们对火的使用和控制已经游刃有余。在北京猿人的洞穴中发现了用火的痕迹，木炭、灰烬、烧石、烧骨等堆积在一定区域，叠压得很厚，显然不是野火留下的痕迹。这些现象说明北京猿人不仅在使用天然火，而且能够有意识地保存火种，对火进行控制和使用，包括利用火的燃烧来取暖、烧熟食物、驱赶野兽、加工工具、脱水贮存食物。人们发现烧过的土地会长出更茂盛的植物，于是放火烧荒便成为改造植被的手段。“刀耕火种”就是农耕的最早表现形式之一。

据推断，旧石器时代末期，地球上的总人口不到三百万，中石器时代达到一千万，新石器时代增加到五千万。随着人口的增长，人类对资源的需求量不断增加，食物的短缺刺激了农业的产生，工具的改进又增加了对资源的破坏。弓箭、陷阱的使用，大规模的焚林狩猎，使动物数量减少。动物数量的减少，又要通过采集水果来做补充，过度地采集使植物资源减少。一方面是人口和人们欲望的增长，另一方面是动植物资源的减少，这种矛盾不断激化，只能另寻出路——用农业这种方式来生产食物，于是人们开始有意识地栽种一些植物。

➡➡从野生到驯化

农业是从驯化动植物开始的，没有动植物的驯化就没有农业。从生态学来讲，农业表示人与驯化了的动植物产生新的共生关系。人以驯化的动植物为食，而驯化的动植物因为人类的驯化失去了在野外环境下存活的技能，变成了“温室里的花朵”，只能依靠人的保护才能生

长、繁殖。这种共生关系的演化是在采猎过程中发展起来的。

狩猎收获有很大的不稳定性，食物也无法长期贮藏，除了烘烤晒干之外，最有效的方法就是将动物圈养起来。成年动物凶猛、难以驯服，人们在驯养幼小动物的过程中得到启发，感受到幼小动物的生命力，因此在选择植物对象时，也选择幼小个体。在农业起源过程中，家畜饲养与野生植物的驯化关系十分密切。一方面，野生植物的集中采集客观上为家畜饲养提供了食物来源；另一方面，野生植物的驯化也受到家畜饲养的影响。在某种意义上说，它们是互相促进、互为动力的。

狗可能是最早被人类驯化的动物之一，约在公元前一万两千年，主要是作为猎人的助手。猪最早在中国和西亚地区被驯化，人们在河姆渡遗址中就发现了约七千年前类似于家猪的骨骼化石和猪陶。驯养后的家猪，因为不需要再拱土觅食，所以头部越来越短；因为长期食用植物性饲料，所以肠和体形都进化得越来越长；因为无须躲避天敌猎杀，所以腿进化得越来越短。

在农业发展中，妇女功不可没。在采集时期，她们尝百草之实，察甘苦之味，付出了很多，甚至失去了生命。经过长时间的尝试，人类才知道什么可食，什么不可食，什么加工以后才可食。在土地、水分、季节等条件适宜的情况下，哪些可食植物的种子能够发芽、开花和结果。人类经过长期试种终于把可食用的野生植物栽培成为农作物。

常见的农作物粟，也叫谷子，是从狗尾草演化而来的。实践证明狗尾草和谷子可杂交，产生中间型的杂种，很像谷莠子，其结实率为百分之五十。谷莠子就是谷子和狗尾草的天然杂交种。狗尾草在中国的黄河流域分布很广，它本是驯化作物过程中的杂草，慢慢适应了耕地的环境并且产生了对人类有利的突变，所以被保留下来，也可以说是搭了一趟历史的顺风车。植物的驯化过程是靠生物进程和人工选择交错进行的，生物进程提供了机会，人工选择确定了方向。

➡➡从多源到多元

农业起源于什么地方呢？过去一直存在农业起源于低平地区的说法。考古界的新发现否定了这种说法，在西亚、东北非、东南欧、美洲大陆，最早的农业都出现在山地或高地边缘。我国的考古发现和其他资料可证实，我国的原始农业起源于山地。

前面提到的原始农业最初的形态是“刀耕火种”，即放火烧林，树木的灰烬便是天然肥料，然后用尖木棒挖穴点播。因此，最初的农业技术简单，只要有丰富的森林资源，就能有收成。原始农业是从采集、狩猎中孕育出来的，不是突然的转变，是很长时间与采集、狩猎共同存在的，这就决定了农业的产生不可能离开人们采集与狩猎的场所。

▶▶“哥伦布大交换”的世界影响

哥伦布发现新大陆后，在东半球与西半球之间发生了一场引人注目的大交换，在人类史上，这是生态、农业和文化领域的重要历史事件。

➡➡物种大迁徙

大陆漂移说认为，大陆漂移使板块分离，南、北美洲和欧亚及非洲大陆相隔甚远。这种分崩离析持续了很长一段时间，在一定程度上使物种进化得丰富多样。1492年，意大利航海家哥伦布乘船来到了美洲大陆，东、西两半球再次“相遇”，长久以来的隔离状态被打破，新、旧世界的动植物包括病菌建立起新联系，这就是给世界带来历史性改变的“哥伦布大交换”，从此开启了新的生态环境史。

“哥伦布大交换”给人类带来的影响是巨大的，被认为是“自冰河时代结束以来人类历史上最重要的事件”。新大陆和旧大陆的“相遇”，使来自两个大陆的大量动植物物种得以交换。当欧洲人第一次到达美洲海岸时，旧大陆的作物如小麦、大麦、水稻和萝卜还没有穿越大西洋向西传播，新大陆的作物如玉米、马铃薯、番薯还没有向东传播。在“哥伦布大交换”的影响下，农作物之间的交换同时影响了旧大陆和新大陆的历史进程。美洲印第安人的农作物跨越大洋输入旧大陆，例如，番薯、玉米传到中国，马铃薯传到爱尔兰，对旧大陆的人口增长产生了巨大的刺激作用。同样，旧大陆的农作物和家畜对美洲也产生了重要的影响，例如，堪萨斯和潘帕斯草原的小麦，得克萨斯和巴西的肉牛。新大陆种植的农作物对旧大陆人民的生活产生了巨大的影响。玉米、马铃薯、番薯、南瓜和辣椒已经成为欧洲人、非洲人和亚洲人饮食中的必需品。它们对旧大陆人民的影响，与小麦和水稻对新大陆人民的影响一样，这种作物大交换足以解释过去三个世纪全球人口激增的原因。

同时，人们对野生动物的驯化，也深深影响着文明的发展。由于两块大陆长期分隔，在大陆上的野生动物基因库存在较大的差异。野牛曾经遍布整个北美大陆，美洲人无法驯化这种性情凶猛的野兽，导致美洲人肉食摄入量低，体质较差；另外，他们没有驯化的重要物种就是马，马是加速人类文明进程的一个重要工具。落后的美洲人在与旧大陆建立联系之前，还没有掌握铁器和火药的使用方法，这注定了他们战斗力不高。这时，哥伦布的船队来到了美洲海岸，他以为自己到了印度，所以称这些头上插着羽毛的土著人为印第安人。当西班牙人骑着高头大马，装备铁制武器甚至步枪深入美洲内部时，这场战争的结局便失去了悬念。

除了动植物的影响，欧洲人还给美洲人带去了天花、霍乱、鼠疫等疾病，它们是在人类饲养动物的过程中逐渐

变异而来的，给亚欧大陆造成了严重破坏。16 世纪，物种在新、旧大陆之间的传播即“哥伦布大交换”。在接下来的一个世纪里，这种大交换产生的影响已在人类文明的发展中得到了深刻体现。

➡➡小作物改变了大世界

古代统治者鼓励人们生育，因为他们认为人口是一个国家国力的体现，是可持续发展的前提。但即便如此，人口也总是维持在一个相对稳定的水平，无法实现突破性的增长。归根结底是因为资源有限，特别是粮食有限。在古代，没有大规模的进出口贸易，粮食全靠自给自足。粮食产量的增长是缓慢的，但人口的增长是爆炸式的。当人口超过资源上限的时候，就会导致严重的后果，例如发生饥荒、战争。随后，人口会大量减少，再次降低到资源能够支撑的数量。在粮食资源定量的前提下，这种多生多亡的现象，就是著名的“马尔萨斯陷阱”。

在宋、明时期，中国人口约为一亿。由于资源的限制，人口无法突破瓶颈。但到了清朝，这个上限突然被打破。清朝初期人口一亿左右，清朝末期增长到四亿多。究竟是什么原因导致了人口爆炸式增长？原来，是因为哥伦布发现了新大陆，使两个天各一方的大陆进行了一场大规模的物种和资源置换。美洲输出了三种非常重要的农作物——番薯、玉米和马铃薯，正是这些不起眼的作物，在某种程度上推动了历史的发展。

1593 年，一个叫陈振龙的福建人将番薯引入我国，在当地试种获得成功，很快便进行了大面积推广和种植。当时很多有识之士都发现了番薯的价值。其中，大名鼎鼎的徐光启就试图将番薯引种到江南，并写了一篇《甘薯疏》，大力推广番薯。尽管番薯在当时有很高的价值，但越冬贮藏的问题直到清朝乾隆年间才得以解决。还有一种从美洲引进的高产作物就是玉米，这两种作物在当时极大地提高了我国粮食总产量，我国的总人口因此突破传统的极限，攀上历史新高。

美洲的农作物不仅影响了中国，也给欧洲带来了深刻的改变。1565 年，西班牙人征服新大陆后，就向国王腓力二世献上了一箱南美洲的农产品，其中包括马铃薯，但当时马铃薯没有受到重视。有一个地方例外，那就是爱尔兰。爱尔兰人认为马铃薯适合在当地种植，既高产又营养丰富，所以马铃薯很快成为爱尔兰人最喜爱的食物之一。马铃薯的大量种植给爱尔兰人带去了充足的粮食支撑，这也使爱尔兰人口暴增。人口的增长使爱尔兰人更加依赖马铃薯。1845 年，一种马铃薯霜霉病席卷了整个爱尔兰，造成当地马铃薯大面积腐烂，这场农业灾害直接导致了爱尔兰全民大饥荒。

世界历史重要的命运演化取决于资源和地理环境的限制，那些毫不起眼的作物却默默地推动着整个文明的进步。

➡➡新、旧大陆作物的优化栽培

在哥伦布航行到达美洲后，人们很快发现一些旧大陆的农作物非常适应新大陆的气候和土壤环境，因此产量要比在旧大陆种植高得多。

新、旧大陆的作物交换种植表现出更大的优势，这样的结果不是巧合。在某种程度上说，这可能有两方面的原因。首先，新、旧大陆都包含南北方向跨越几乎所有纬度的大陆，所以在新大陆种植的作物能够适应旧大陆相似的气候。其次，两个大陆长期隔绝，这种隔绝使植物、寄生虫和害虫的进化程度不同，因此植物能够顺利开花结果，是因为能逃避与它们共同进化的害虫和寄生虫的侵袭。由于害虫和寄生虫在热带地区更加普遍，因此热带植物在这场移植中获益最多。这也部分解释了为什么57％的咖啡（起源于旧大陆）产自新大陆，而98％的天然橡胶产自旧大陆。还有许多其他作物移植的例子，如美洲产的大豆占世界总产量的84％，橘子占65％，香蕉占35％。

一个最典型例子就是来自旧大陆的甘蔗，非常适于在新大陆种植。世界上最适于种植甘蔗的土地大都在美洲，尤其是拉丁美洲和加勒比地区。1493年，在哥伦布第二次航海中，甘蔗被首次带到新大陆。随之而来的便是糖的生产和贸易。1516年，糖开始输入欧洲，不久之后葡萄牙人带着甘蔗穿越大西洋；1526年，糖从巴西出口到葡萄牙。到 16 世纪后 20 年，荷兰、英国和法国开始发展制糖业。1630 年至 1660 年，荷兰人、英国人和法国人开始建立他们自己的糖殖民地。糖对欧洲大众的重要性不言而喻，从美洲大量产出的糖充分满足了欧洲人的日常消费。英国人从 1663 年至 1775 年，人均糖消费量增加了 20 倍，1835 年至 1935 年又增加了5 倍。糖成为欧洲工人阶级易获得的、廉价的能量来源。到 19 世纪，糖的消费进一步增加，主要用于食品加工，如制作蛋糕、饼干、白面包和罐头等。在制糖方面，美洲的气候环境具有天然优势。现在，巴西是世界上最大的甘蔗供应国，其他产量较高的新大陆国家有墨西哥、古巴、哥伦比亚和美国。

▶▶古代文明与农学

农耕文明的出现使温饱问题变得容易解决，社会分化使人们有了更多的精力去寻求发展，有了更多的时间去思考世界，在农业生产力发展的基础上，建立古代文明。

➡➡玛雅文明与作物生产

玛雅文明是中美洲古代玛雅人创建的文明，以墨西哥东南部、危地马拉和洪都拉斯为中心。玛雅文明的遗迹在史学、人类学、考古学和人种学等方面都占有重要地位。经济基础决定上层建筑，像其他的古代文明一样，玛雅文明的经济基础是农业。公元前 200 年到公元 800 年是玛雅文明繁荣兴盛的时期，数百座城池拔地而起，组成了许多农业密集的城邦。

最初对玛雅农业的认识是原始的耕作方式：在每 1～2 公顷的耕地上，用粗加工的石刀或木刀将庄稼砍倒，在雨季来临前将其晒干，焚烧还田，简单地整理使耕地无杂草，以大约 1 米穴距种上大豆或玉米。籽粒萌发后适时除草，同时防止野兽的破坏。收获后再种下南瓜等作物。这样一块地能维持 2～3 年的丰收，当长满荒草、地力不足时只能休耕，一般休耕的时间是 10 年左右，此时树木葱郁，阳光很难照到地面。当杂草无法生长时，可将树木砍倒再进行一次耕种，这种耕作方式叫"米尔帕"耕作法。每户农家要有多块这样的土地轮换耕种才能保证粮食充足。

近期，考古工作者发现玛雅人并不是一成不变地局限于"米尔帕"耕作法，他们也采用集约型的农业方式。台田是在河流边或沼泽里的长条耕地。人们先在长条耕地四周挖一定宽度和深度的坑，将坑里的泥土垒在长条耕地上，形成高而长的梯形长条高台。每块台田周围的沟渠既可以排掉耕田中的水，又可以养鱼，长在耕田中的作物还可源源不断地得到水渠滋润。这种台田精耕细作，据推算每平方千米的土地可以养活 1 000 人，是"米尔帕"耕作法供养能力的 10 倍还多。若在城镇周边实行台田集约经营，玛雅农业生产可以供养 300 万人之多。这也完美地解释了为什么在公元 800 年时，玛雅低地的提卡尔城人口可达 5 万，而周围却没有多余的土地实现“米尔帕”耕作法。

这种台田耕种适于河岸两旁或沼泽地，那么高地呢？在 20 世纪 70 年代，考古工作者在卡拉尔的玛雅山地上发现了玛雅早期的古典梯田。在墨西哥培坎的东部不仅发现了在梯田上用淤泥垒的墙，还发现了一些有计划修建的梯田围墙网。玛雅的高地农民在这种梯田里进行精耕细作，同样能缓解人口压力。

近几年也有新学派主张台田和梯田是玛雅农业生产的主要方式，反对农业生产仅够农民自给自足的传统看法。新学派认为，玛雅的农业生产不仅够吃，还有剩余，可维持众多城镇的发展，成就了人类历史上的璀璨文明。

➡➡两河文明与灌溉农业

“两河”，是指幼发拉底河和底格里斯河。古希腊人称两河流域为美索不达米亚，意为“两河之间的地方”。从地理纬度上看两河流域处于北温带南部，是沙漠气候和地中海气候的过渡地带。两河流域南部地区受沙漠气候影响严重，这个地域雨水稀少，雨量和雨季不稳定，所以自然雨水很难满足农业生产的需要。气温也不适于农业生产。夏季长、气候干燥，冬季短、气候温暖，使得这里的居民不得不把人工灌溉作为从事农业生产的先决

条件。

幼发拉底河和底格里斯河流域南端的波斯湾港口一带，年平均降水量在200毫米以下，同时由于河床淤积了大量的河沙，使河流落差变小，导致每年3月至7月洪水泛滥。洪水使南部形成大片冲积平原，在河谷旁的一些高出部分形成台地，低地因河水淤滞形成沼泽地带。在这种自然条件下，苏美尔人利用勤劳和智慧，因地制宜，发明了变水害为水利的技术——灌溉。

苏美尔人最初只能利用天然堤岸裂口的水流和局部未加控制的泛滥河水。最初为人工灌溉，以村落为单位，以天然沟渠为基础，在沟渠之间有意地开出几条沟，将它们联结到一起并引入田中。这个时期出土的石器表明，农具数量增加，还有用来疏通天然沟渠的石制工具。为了调节水的供应，苏美尔人付出了极为艰苦的劳动，兴修沟渠、堤坝，排灌蓄水，建立了较为广泛的组织，并进行人工灌溉，人工灌溉网在南部地区开始逐渐形成。

人工灌溉大大促进了南部地区农业的发展，农作物产量平均提高40倍至60倍。粮食产量猛增，人口也随之增长，而人口的增长又迫切需要去开辟新的土地。这一地区的居民继续向南迁徙，来到了前人无法定居的地方，利用那里河流冲积形成的广沃土地，进一步提高生产力，创造了更加发达的文化，为进入文明社会提供坚实基础。当时，苏美尔南部地区的生产力已逐渐超过了北部地区。美索不达米亚平原南部出现了光辉灿烂的灌溉农业文化——苏美尔文明。

➡➡百越文明与稻作农业

在我国古代曾有这样一群人，他们广泛分布于东南地区的苏、赣、浙、闽、台，西南地区的滇、黔，南部地区的粤、桂等地，另外，在皖、湘、鄂地区也有一定数量的分布。他们善种水稻、喜食水产、习水便舟、居住干栏、断发文身，他们就是历经沧桑的民族——越民族，也称百越。

我国是世界稻作起源的中心之一，在我国最早改良野生稻的就是百越人。从考古资料和文献记载来看，百越人分布广泛，支系众多，但其居住环境有一个重要的相同点，就是分布于平原低地或靠近江河湖海，即使分布在山区或云贵高原上的百越人，也会沿着河谷平坝居住。因而，从地理分布上说，百越属于南方低地平原民族，这样的地理环境给百越人的生产和生活带来了明显的影响。丰富的水资源环境是水稻农业发展的天堂。据记载，我国长江中下游和西南沿海地区，已出土了众多稻作遗存。从时间上看，年代最早的是湖南彭头山遗址，距今已有八九千年，其次是浙江余姚河姆渡遗址，距今约七千年。遗址中的人已经过上了安定的生活，经营农业，以稻米为生，说明这一带稻作农业的历史悠久。

由于长江中下游地区出土的稻作遗存时间早、数量

多，有学者主张这一地区就是稻作起源的中心。但是，作为栽培稻祖先的野生稻主要分布在广东、湖南、云南、福建和江西等地。中国稻作起源离不开上述地区，而这些地区也正是百越人的活动地区，所以说百越人应该是我国栽培稻的驯化者。

《吴越春秋》中记载，越国始祖无余统治时，就已经开始农耕的生活方式。到越王勾践时代，已有耕种稻谷可以富国强兵的认识。显然稻作农业已经成为各地百越人经济生活的重要组成部分。百越是东南沿海稻文化的代表，百越的农业不仅影响中国的农业，还对海外，如日本，甚至东南亚的农业产生了重要影响。

百越人的崛起对中国民族发展有着重要的影响，开辟了中国东部沿海的江浙宝地。江浙俗称“上有天堂，下有苏杭”，正是百越人为其奠定了基石。历史悠悠，沧海桑田，百越人虽然在春秋战国民族融合的大潮中消失了，但是，其独具一格的风俗文化，却大多被汉族吸收，以各种形式的风俗传承至今。

▶▶优秀的古代农学遗产

在漫长的农业历史进程中，劳动人民锤炼了思想，丰富了资源，构建了景观，运用智慧创造了旗帜鲜明、种类繁多、生态与经济价值高度统一的农学文化。

➡➡从《氾胜之书》到《农政全书》

在中华民族上下五千年的历史长河中，先人的智慧与精神随着文字与书籍一脉相传。这里承载着的是中国的文明、土地的变迁与技术的发展，我们可以从中清晰地看见历史的脉络。从古代流传至今的书籍不计其数，其中农业类的书籍有500多种，保存下来的有300多种。“民以食为天”，无论是“朱门”还是“寒门”，农业作为人们基础的物质保障、基本的生存保证，历朝历代都被视为重中之重。在这样的背景下，涌现出许多有关农业生产技术与经验的书籍，其中《氾胜之书》《齐民要术》《陈旉农书》《王祯农书》《农政全书》内容最丰富，影响范围最广，被称为古代五大农书。

《氾胜之书》被认为是中国现存最早的农书，为西汉氾胜之所著。书中有“凡耕之本，在于趣时，和土，务粪泽，早锄早获”。“趣时”，就是在适宜的时间进行适宜的农业生产。中国向来重视农时的掌握，农历的二十四节气就是指导农耕的产物。《氾胜之书》还首次记载了“区田法”，将农田分割成若干个区域进行小面积的精耕细作，这种综合性技术反映了中国传统农学的特点。

《齐民要术》为北魏贾思勰所著。贾思勰乐于实践，每到一处都会向当地经验丰富的老农请教，他将黄河中下游地区从开荒到收获后加工的农牧经验进行了系统的整理，其中还涉及养殖学、生物学等方面的内容。《齐民

要术》享有“中国古代农业百科全书”之誉。书中所记“起自耕农，终于醯醢”，说的是农业以耕种为起点，以产物制成食品为终点。其中记录的面点发酵法、“九酝酒法”和近300种菜品与烹饪方式具有十分重要的意义。

《陈旉农书》为宋代陈旉所著，是第一部反映南方水田农事的专著。书中有“农事必知天地时宜，则生之、蓄之、长之、育之、成之、熟之，无不遂矣”，可见作者十分重视天时地利。陈旉认为农耕乃是“盗天地之时利”，与前人顺应时节的做法相比，多了改造土地、与自然做斗争的精神，这种超前的思想对后世的农业生产有重要的指导意义。

《王祯农书》为元代王祯所著，首次提出了中国农学传统体系。该书更注重南、北两地生产习俗的差异，指出“自北至南，习俗不同，曰垦曰耕，作事亦异”。相比于前人，王祯更全面系统地论述了农业的内容与范围，并且附图280余幅，详细介绍了传统的农具和主要设施，使该书具有极高的研究价值。

《农政全书》为明代徐光启所著，融汇历代的农书、明代的农耕经验与西方的水利知识而成。“富国必以本业”是该书的主导思想，他认为农业为立国之本，是区别于其他书的特色之处。该书对农业措施、病虫灾害的防治等内容进行了整理并提出了自己的独到见解，真正做到了博采众长。

从《氾胜之书》到《农政全书》，我们可以看到不同时期的农业情况以及农业的发展趋势。从顺应天意到改造自然为自身所用的观念转变，从耕种为了制成产品、发展经济到农业为立国之本的思想变化，清晰地看到了农业的发展历程。书中记录的不仅仅是文字与技术，更是古人的思想与精神。

➡➡五谷与六畜

人们常说“五谷丰登，六畜兴旺”，这也是农民对新年的美好期望。早在春秋战国时期，《韩非子·难二》有云：“务于畜养之理，察于土地之宜，六畜遂，五谷殖，则入多。”意思是掌握畜养的规律和土地的特性，六畜就可以顺利成长，五谷也可以迅速繁殖，有良好的产量，家庭的收入也会随之增多。可见在古代，五谷与六畜对一个家庭的重要程度。

“五谷”中的“谷”原指带壳的粮食，“谷”字的发音就是从“壳”衍生而来的。五谷是指中国古代的五种谷物，一般有两种说法：一种指麻、黍、稷、麦、菽；另一种指稻、黍、稷、麦、菽。两者的区别在于麻和稻，麻虽能食但其更主要的是作为农业生产的材料，可以制成麻绳、衣服等。五谷常用来指粮食作物，故我们主要介绍第二种说法中的五种谷物。

稻即水稻（图 1），水稻的生长需要大量的水，很多地区不满足稻的生长条件，限制了它的种植区域，古时的稻大多种在雨水充沛的长江中下游地区。水稻的产量较高，并且种植的土地不需要休耕。在战乱年代，种植水稻有助于充盈粮草；在安居乐业的太平盛世，种植水稻能产生较高的经济收益。因而，人们为了扩大水稻的种植面积，兴修水利。经过不断发展，我国的经济重心也逐渐南移，水稻的重要地位可见一斑。

图1　水稻

黍指的是糜子（图2），孟浩然曾在诗中写道“故人具鸡黍，邀我至田家”，可见黍在当时是一种常见的粮食作

图2　糜子

物。黍的耐旱性很强，并且生育周期较短，对耕种技术较为落后的古人来说，他们更青睐于这种好成活的作物。然而，现在的饭桌上很少见到黍，黍作为食物已逐渐被边缘化。究其原因，一方面是因为它的产量较低，另一方面是现代的农业技术让我们可以选择更好的食物。

稷即粟，也就是谷子(图 3)。《说文解字》中认为“稷”为“五谷之长”，过去管理农事的官员叫作“稷官”，供奉稷神的祠堂称为“稷祠”，国家也被称为“社稷”，可见“稷”是古人十分看重的粮食作物。虽然由于水稻、小麦等作物的发展，稷的地位渐渐不如从前，但是稷仍是现代人煮粥经常搭配的杂粮之一。

图 3　谷子

麦指的是小麦(图 4)，为制作面粉的主要材料。小麦是由西方传入中国的，其栽培技术在北方发展得较好，汉代之后开始渐渐向南方推广，南宋时期小麦的产量已经位居粮食作物的第二位。

图 4　小麦

菽即大豆(图 5),《春秋·考异邮》中提到“汉谓之豆,今字作菽。菽者,众豆之总名”。中国是世界上最早栽培大豆的国家,有四千余年的历史。菽初为主食,汉代以后逐步向副食发展。

图 5　大豆

六畜指的是马、牛、羊、鸡、犬、猪,《三字经》中写道“马牛羊,鸡犬豕。此六畜,人所饲。”古代人类选择了这六种动物进行驯化，为人类服务。在《三字经·训诂》中，对六畜有着详细地评述，“牛能耕田，马能负重致远，羊能供备祭器，鸡能司晨报晓，犬能守夜防患，猪能宴飨速宾”。六畜都有自身的优势，在古老的农业社会，为人们的生活提供了基本保障。自然界中有多种多样的生物，其中六畜与人日常活动的关系最为密切，它们世世代代与人和平相处，是人们生活、生产中的好帮手。

五谷与六畜表现了古人与自然相处的智慧，古人从千百种植物中挑选出五种作为粮食，赖以生存；又从千百种动物中挑选出六种进行驯化，为日常生活服务，我们不能不为之叹服。

➡➡农牧交错与梯田景观

我国历史上不同类型的农业文化。可以分为游牧文化和农耕文化，牧区与农区的分割较为明显，长城是主要分界线。长城内、外代表着不同的农业文化，形成了不同的景观类型。

农牧交错地带是沿中国北方长城分布的生态地带，这里是草原与沙漠交织的地区，也是游牧文化与农耕文化的汇聚地。农牧交错地带是经过漫长的时间逐渐演变形成的，其中包括人为因素和自然因素。人为因素是指修筑长城的这项工作，致使大量农耕地区的人口迁移到长城附近。秦代以后，为了缓解人口压力，统治者将农耕地区的范围扩大，使农牧界线向南扩张。到了唐宋时期，

统治者为了加固边防的守卫，边界又逐渐回到原来的位置，最终使农牧交错地带分布于长城沿线。由于农牧交错地带处于东部湿润区与西北干旱区的中间地带，受两者的影响，气候波动的范围很大，这也是其形成的自然因素。在地图上我们可以清晰地看到黄色的沙土与绿色的牧草之间的界限，两者的碰撞丰富了中华文明。

长城以南的地区，气温高、雨水充沛，适合农耕。不同的种植制度反映了不同的土地利用方式和使用程度。在长期的山田开发中，人民也创造出一些独特的水土利用方式，梯田即其中之一。梯田是一种台阶式、断面为波浪式的田地，在秦汉时期就已经出现。宋代以后，南方人口增多，需要扩种水稻，而大部分丘陵与多山的地区没有大面积的平整土地，不适于种植水稻，为了解决粮食问题，梯田应运而生。但是随着现代技术的发展，梯田这种耕作方式耗费较多的人力与物力，渐显疲态。梯田具有的历史意义与景观价值使其被保留下来，形成了一道独特的风景。

农牧交错与景观梯田都是历史的见证者，它们的存在向我们证明了古人活动的痕迹。它们在历史发展过程中蕴含了多种多样的文化，包括游牧文化、农耕文化、民俗文化和区域建筑文化等，还体现了中华民族勇于探索的精神以及与自然和谐共处的智慧。这对我们民族、社会的发展都具有良好的导向作用，我们一定要积极响应，加强对这类文化遗产的保护。

➡➡古代“天人合一”的农学思想

垦荒拓土，耕耘稼穑，春播秋收，粮丰食足。在长期的农业实践中，古人渐渐形成了“天人合一”的农学思想，在传统农业文明中不断发展、提升，成为我国古代农业思想的精髓。

“天人合一”的思想可以简单地理解为“天”“地”“人”三者相互统一、和谐共处，即所谓的“天时”“地利”“人和”。在春秋战国时期，道家代表人物老子用“人法地，地法天，天法道，道法自然”来解读“天人合一”的思想。随后，庄子进一步发展了老子的哲学思想，提出“天人合一”的理念，成为道家的核心思想，这一思想深深地影响了中华文明几千年的传承。当然“天人合一”的思想并不是道家独创的，而是道家对《周易》思想的进一步探索。先秦诸子百家中的道家、儒家、墨家、兵家等都把《周易》奉为经典，不同的哲学流派对《周易》中“天人合一”的思想有着不同的解读，并各自发展出“道易”“儒易”“墨易”“兵易”等，为中华传统文化的发展奠定了基础。

汤一介先生曾说，“天人合一”学说不仅是一个哲学命题，更是构成了一种中国哲学的思维模式，这样的思维模式深深刻在中华民族文化基因里。清朝《四库全书》曾给出“《易》道广大，无所不包”的评价。“天人合一”的思想对我国古代医学、政治、农业、文化、军事等诸多领域都

产生了巨大影响。钱穆先生在《中国文化对人类未来可有的贡献》一文中，着重强调“天人合一”观、“人与自然相互调适之义”是中国文化对人类最大的贡献。

我国是一个传统农耕大国。自古以来，中西方文化起源的差异决定了文明发展的差异。中国探索世界的方法是将世界万物当成一个有机的整体，讲究人和自然和谐共处，崇拜自然和敬畏自然；而西方对自然的探索是机械的宇宙论，将世界万物无限地细化研究，喜欢征服自然和改造自然。以我国特有的“阴阳五行”理论为基础，形成了具有中国特色的传统农学思想：“三宜”——天宜、地宜、人宜；“四相”——天、地、人、物；“十论”——时气论、土壤论、物性论、耕道论、粪壤论、水利论、农器论、畜牧论、树艺论、灾害论。这些农业思想影响至今，并与现代有机农业思想不谋而合。古人将农业生产看作一个有机统一的整体，而不是对立分割开来，形成了中国独特的有机生态农业文化，这也影响了人们的农业思维方式，形成“时制”“地制”“人制”的理念。

《夏小正》中把一年十二个月份里的气候、天象、季节、物候、社会生活和农事结合在一起。这种按“月份”来分别描述各种事物的传统逐渐演变成以“月令”为基础的构架，其中加入“四时五方”和“阴阳五行”等学说，形成了农历十二月份和二十四节气，取名曰“春季：初春，农历正月——寅月（立春、雨水）、仲春，农历二月——卯月（惊蛰、春分）、暮春，农历三月——辰月（清明、谷雨）；夏季：初夏，农历四月——巳月（立夏、小满）、仲夏，农历五月——午月（芒种、夏至）、暮夏，农历六月——未月（小暑、大暑）：秋季：初秋，农历七月——申月（立秋、处暑）、仲秋，农历八月——酉月（白露、秋分）、暮秋，农历九月——戌月（寒露、霜降）；冬季：初冬，农历十月——亥月（立冬、小雪）、仲冬，农历十一月——子月（大雪、冬至）、暮冬，农历腊月——丑月（小寒、大寒）”。二十四节气的命名都与农事活动相关，农业中的“时制”指的是按照天时，即大自然的节律来安排农业生产。天时决定农时，农书中按照不同月份、节气的特点规定与其相对应的农业活动。按照二十四节气来进行农业耕作，即所谓的“因时制宜”。

“橘生淮南则为橘，生于淮北则为枳。”这句话用农学思想可解读为“因地制宜”，在传统农学中又称为“地制”。我国地域辽阔，山川湖海不计其数，地势有高有低，土壤有肥沃也有贫瘠，不同的地质条件适于不同类型的作物生长。古代人民根据“因地制宜”的农业思想，按照具体的地形、地势、土壤条件选取适合当地的作物品种。

“精耕细作”的小农经济模式影响了中国几千年的文明发展，是对中华传统农业精华的概括，也是我国传统农业的亮点。“精耕细作”是中国古代人民提高土地利用率和产量的技术模式，从春秋战国时期开始形成，在唐宋元

时期慢慢成熟，到明清时期全面成熟。“精耕细作”是我国传统农业的代名词，对现代农业发展也有一定的指导意义，是“因人制宜”（“人制”）的充分体现。

“天、地、人”和谐统一的中国传统农学思想是生物有机体和环境条件相统一的原理。古人过度重视“天人合一”的思想，使传统农业提前走向生态化的道路——重整体、重关系、重功能、重均衡之路，忽视了对农作物个体和群体性状结构的研究，缺乏对农作物生长发育的生理机制的观察，以及对遗传、变异及其规律的微观层面的研究。但古人更早认识到作物轮作、间作套种、种养结合、合理施肥等生态化的“精耕细作”的传统。我国一直处于农业大国的状态，未能与同期的西方国家一起进入工业革命时代。“天人合一”的农业思想是古老的，也是年轻而有活力的，当今应该正确对待这一优秀的传统农业思想。

农政:关系百姓生活的头等大事

一粥一饭,当思来处不易;半丝半缕,恒念物力维艰。

——朱柏声

▶▶国内外农政概要

农业政策协调了农业生产关系,引导农业按照生产规律和经济规律操作,体现和保护了农民的利益,是农业科技和生产水平发展的动力。

➡➡土地政策

从古至今,土地都是我国重要的生产资料。在奴隶社会,土地为君王所有,“普天之下,莫非王土;率土之滨,莫非王臣”。战国时期,封建土地制度确立,一直延续到清朝,长达两千多年。封建土地制度大致分为三种,分别为地主占有制、国家占有制和自耕农占有制,其中对国家起决定作用的是地主占有制。中世纪时期,欧洲的土地制度是君主占有制。从法律上讲,全国的土地都属于国王,国王是最大的封建主。

道教《太平经》中提倡的“平均、平等”思想启发了洪秀全，他提出了《天朝田亩制度》和“人人有耕地”的想法。孙中山提出“耕者有其田”的主张。1928年底，毛泽东在井冈山革命根据地主持制定了中国共产党历史上第一个土地法——井冈山《土地法》。1929年4月，毛泽东主持制定了第二个土地法——兴国县《土地法》，确立了土地革命中的阶级路线和土地分配方法，为后续土地法的修订提供了理论基础和实践经验。1947年，我党在解放区采取不同的土地改革策略，工作分为两个阶段，一是打击地主中立富农，二是平分土地区别对待富农，这一时期的土地改革是非常成功的。

新中国成立初期，全国开始分期分批土改，基本上消灭了封建土地制度，打破了套在农民身上千年的枷锁。中国革命和农村发展的核心问题就是土地问题。自新中国成立以来，我国围绕土地制度进行了四次大变革：1950—1952年，土地改革实现了耕者有其田；1956年底，农业合作化基本完成，实现了土地的规模经营和互助共济；1958年，人民公社制度是新中国成立以来中国共产党为探索中国社会主义建设道路所做的一项重大决策；1978年，凤阳小岗村的一次大胆尝试，使农村发生翻天覆地的变化，家庭联产承包责任制作为我国乡村经济组织的一项基本制度，长期稳定下来，并不断充实完善。现代农业的发展趋势是产业化，农业生产之间的各个系统需要高度匹配。随着时间的流逝、社会的变迁，我国农业面临着新一次的革命，这次革命的核心是将农业产业化和现代化对接。实现产业化的基本要求就是一体化和规模化，解决农户经营规模与现代农业要求的适度规模之间不匹配的问题。

土地不仅在中国的历史变迁中扮演着重要的角色，同时也影响着世界历史。1862 年，美国总统林肯颁布《份地法》，规定凡年满 21 岁的美国公民或符合入籍规定申请愿做美国公民的外国人，可免费或以极小代价获得一块相当于 64 公顷的土地，连续耕种5 年以上，这块土地就归买主所有。这部土地政策的颁布满足了北方农民对土地的渴望，该法的颁布和实施，使大批小农获得了土地，从而极大地促进了美国农业的发展，加快了美国人口的西迁，对美国资本主义经济的发展有着深远的意义。1861 年，俄国亚历山大二世进行土地改革，废除了农奴制，农奴可以高价赎买一块地，开启了近代化的进程，促进了俄国资本主义的发展。法国大革命时期罗伯斯比尔把没收的土地以分期付款的方式卖给缺地的农民，此次改革帮助法国度过了最困难的时期，有利于法国资产阶级革命的发展。列宁在 1917 年俄国十月革命后颁布《土地法令》，将没收地主和寺院的土地分配给农民。20 世纪 30 年代初，斯大林进行大规模的农业集体化运动，国家下达的农业生产计划指标多达 280 项，此举产生的影响是

束缚了集体农庄的生产自主权。土地问题是非常复杂的社会现象，不仅受法律制度的制约，还受政治、经济等很多因素的影响。

➡➡农业区划政策

我国经济发展进入新常态后，结构性供求失衡的矛盾日益凸显。从农产品供给看，高品质农产品和食品供给难以满足国内消费者对安全绿色食品的多样化需求，国内农产品和食品的国际竞争力相对较弱，一方面国内大量农产品库存积压，另一方面进口量逐年增加。而一些国家，多年来根据经济状况和土壤、气候、日照等环境条件，逐渐形成了相对合理的农业经济区划，充分地利用这些环境和经济条件，对农业发展起到了很大的作用。比如法国是欧洲糖输出最多的国家之一，法国北部地区是甜菜的宜栽区，因此在该地区集中种植甜菜，以 17 公里为半径建糖厂，收获的甜菜集中加工。

“供需错位”已成为中国经济持续增长的最大障碍，“十三五”时期，农业环境更加错综复杂，大豆供需缺口扩大，玉米产量超过市场需求。为了解决上述供需矛盾，政府推进农业结构调整，稳定冬小麦面积，扩大专用小麦面积，巩固北方粳稻和南方双季稻生产能力。在镰刀湾地区推进以玉米为重点的种植业结构调整，减少东北冷凉区、北方农牧交错区、西北风沙干旱区、太行山沿线区、西南石漠化区籽粒玉米面积，扩大杂粮、杂豆以及饲料作物的种植面积；在东北大豆产区恢复和增大大豆种植面积，发展高蛋白食用大豆，保持东北优势区油用大豆生产能力，扩大粮豆轮作范围；在以新疆为中心的棉花产区以及油料、糖料、蚕桑优势产区建设一批规模化、标准化的生产基地；在我国五大马铃薯主产区开发马铃薯主食产业；稳定大中城市郊区蔬菜保有面积，确保一定的自给率。农业对自然资源和生态环境高度依赖，只有坚持因地制宜、适地而种，才能顺应自然规律和经济规律。

现代农业是农产品质量好、安全水平高、绿色发展的产业。未来我们不一定追求粮食连年增产，但一定要巩固和提升粮食产能，实现藏粮于地、藏粮于技，只要市场有需要，就能产得出、供得上。这就要求优化农业生产结构和区域布局，加强粮食生产功能区、重要农产品生产保护区和特色农产品优势区建设，推动形成主导产业集聚、扶持政策集成、强县富民统一的农业发展格局。

➡➡农业补贴政策

在政府的农业支持政策中，农业补贴是最常见的政策之一，因其对农产品价格和贸易的影响不同，分为绿箱政策和黄箱政策。所谓绿箱政策，是指政府对农业部门的投资或支持，大部分在科技、水利、环保等方面，不会对农产品价格和贸易产生重大影响。黄箱政策，又称为保护性农业补贴，是对农产品的价格、出口等做出补贴，对农产品的价格会产生很大影响。1995 年，世界贸易组织

（WTO）农业协议生效后，受限于WTO的限制政策，很多国家的农业补贴政策都做了调整。

同时，国外的农业补贴方式从黄箱转为绿箱。欧盟、日本等也通过相关立法，加大了对农业资源环境保护、农村基础设施建设、农业科技、服装产品市场信息等方面的支持力度，提高了进口农产品的环境准入标准。虽然名义上是提高农产品质量，改善生态环境，但本质上是加强绿色壁垒，增大国外农产品进入本国市场的难度。

中国的农业补贴政策始于20世纪50年代，最初以国有拖拉机站机耕定额损失补贴的形式出现，后来扩展到农资价格补贴、农业生产用电补贴、贷款利息补贴。从1980年到1992年，政府给予农业的补贴较少，当时，鼓励农民增加生产和收入的主要方法是放开农产品的价格，这样农民就可以从市场交易中受益。其后，我国逐步摆脱了农产品长期短缺的局面，主要农产品的供需基本平衡。然而，农产品市场化的负面影响也日益凸显。农民和农业不仅经常受到各种灾害的影响，而且还会周期性地受到与农产品市场化相关的“谷贱伤农”的冲击。因此，政府有必要将农业补贴政策从增加产量补贴转变为保护农民利益和增加农民收入补贴，通过国有粮食企业以保护性价格从农民手中收购富余粮食，给予粮食收购仓储费和贷款的利息补贴。在绿箱政策的调整方面，取消了农业税，推行了良种补贴、农资补贴、农机购置补贴，实行粮食定价收购制度和直接补贴，实行农业保险，近年来还对退耕还林、秸秆综合利用、地膜回收、轮作和休耕等进行了一定的补贴。

▶▶中国人的饭碗端在自己手里

食为政首。农业是立国之本、强国之基，无农不稳、无粮则乱。我国是拥有 14 亿人口的大国，稳住农业，筑牢粮食安全基石，对我国的重要性不言而喻。

➡➡民以食为天——如何看待粮食安全？

何谓粮食？粮食的概念在中国从古至今几乎没有改变，基本包括谷物、豆类和薯类。那么安全呢？一为是否够用，二为是否好用，够用是基础，好用是发展。由于我国人口基数大、人均耕地面积小、土地弱化、自然灾害频发、环境污染等问题的存在，够用问题一直是农业生产的重中之重，我国的粮食生产量长久以来都是各级政府和广大人民群众关心的问题。随着人们对物质生活品质要求的不断提高，粮食营养和健康问题也被纳入安全范畴。新中国成立至今，我国的粮食安全保障取得了举世瞩目的成就。进入新时代，保障粮食安全仍然是全面建设社会主义现代化国家的重要“压舱石”。

习近平总书记多次强调，中国人的饭碗要牢牢端在自己手里，保障粮食安全对中国人来说尤为重要。新时期要坚持绿色发展理念，围绕绿色、高产、高效，通过推进

化肥减量，有机肥和化肥的合理施用，水肥一体化等方式提高肥料利用率；通过生物防治、理化诱控、生态控制、科学安全用药等途径减少农药施用，实现绿色防控，进而达到绿色、安全生产的目的。另外，土壤资源、水资源、种质资源等亦对粮食安全起了决定性作用。

现阶段，我国的粮食供应基本得到保证，但是也需要看到，当前我国粮食进口量几乎达到国内粮食产量的1/5，在我国较大人口基数和现有生产条件下，粮食生产很难完全做到自给自足，严格把关进口粮食也是保障我国粮食安全的重要目标。自2001年中国加入WTO以来，中国与全球贸易市场的关联日益密切，粮食贸易也是如此。从海关总署公布的进口数据来看，2020年1—12月我国粮食进口14 262.1万吨，同比增长3 117.5万吨，增幅为27.97%。2020年1—12月大豆进口量达到了历史最高的10 032.7万吨，比2019年的8 851.3万吨增长了13.35%。当前这种高度依赖国际粮食市场的形势意味着更高的风险，更容易受到全球粮食价格波动的影响。

➡➡18亿亩耕地红线

“手中有粮，心中不慌”“无农不稳，无粮则乱”道出了粮食安全在我国经济、社会发展中的重要性，粮食是一个国家的根基。我国的国土辽阔，但可耕种的面积却并不多。2006年，第十届全国人民代表大会第四次会议审议通过的《中华人民共和国国民经济和社会发展第十一个五年规划纲要》提出，18亿亩耕地是一个具有法律效力的约束性指标，是不可逾越的一条红线。

种植面积是影响作物产量的决定性因素，而产量又直接影响了粮食安全。一旦18亿亩耕地红线被破除，必然要大量依靠进口粮食。然而，要想从国外进口粮食，需要满足两个条件：第一，国际市场上有足够安全、可靠的粮食供我们购买；第二，国人有足够的钱购买进口粮食。当高度依赖国际市场时，必然更容易遭受"卡脖子"的风险，更容易受到全球粮价波动的影响。温家宝总理在2007年政府工作报告中指出："在土地问题上，我们绝不能犯不可改正的历史性错误，遗祸子孙后代。一定要守住全国耕地不少于18亿亩这条红线。"我们要时刻牢记，耕地是我们的命根，保护耕地始终是我国必须实施的战略政策。

然而，数量并不是18亿亩耕地红线的唯一要求。耕地资源、货币和劳动力被称为粮食生产的三要素，从经济角度讲，保障粮食生产的三要素被共同视为数量的概念，耕地资源生产能力常常被忽视。耕地资源生产能力取决于光照、温度、降水、土壤、作物品种等多种因素，耕地资源正是承载这些因素最基础的保障。

除保障耕地数量外，还要对耕地进行保护与建设。只有同时保障了耕地的数量与质量，才能真正有效地坚

守好“这条红线”。

➡➡粮食连增背后的科技力量

自改革开放以来，我国的粮食产量实现了从供应不足到现在丰年有余这种巨大的转变。相关研究显示，2020 年中国粮食总产量创下了历史新高，粮食生产实现了十七连丰，这“连丰”背后，不仅得益于国家始终坚持着“18 亿亩耕地红线”的原则，更是与背后默默工作的科研人员息息相关。

2020 年我国小麦播种面积比上年减少 2 700 万亩，但产量却增加 1 300 万吨；水稻播种面积比上年减少 393.6 万亩，但产量却增加 897.7 万吨。“一减一增”，显示的是科技的力量。粮食生产的每一个环节，从育种、栽培再到灌溉和病虫害防控，都需要技术，其中优良品种的培育是最关键的环节。近年来我国培育了一批粮食作物新品种，从种源上为提高粮食产量和质量提供了保障。

举例来说，近十年来我国小麦的单产增幅达到了 18.86%，年均近 2%，2020 年小麦平均亩产量达到 382.8 公斤。“十三五”时期，针对“藏粮于技”重大科研任务，中国农业科学院育成一批具有国际领先水平的小麦新品种。例如，“中麦 175”是我国首个水旱兼用的品种，在我国冬小麦育种上取得了新的突破，是北方冬小麦区推广面积最大的品种。“中麦 5051”解决了北方麦区强筋小麦不抗寒、节水小麦不优质的问题，亩产达到 551 公斤。2020 年,“中麦 578”在河南省焦作市验收,亩产达到 841.5 公斤,创造了强筋小麦在黄淮麦区的高产纪录。再有,中国农业科学院作物科学研究所首次解决了利用冰草属优良基因型改良小麦的国际难题,创造了一批多粒、广适、抗病性强、高产的育种新材料。通过克隆抗旱基因,小麦水分利用效率和产量分别提高 15%和 10%。科技的力量为粮食生产保驾护航。

▶▶“中央一号文件”

中共中央每年发布的第一个文件称为“中央一号文件”,该文件对全年的工作具有纲领性和指导性地位。自 1982 年以来,“中央一号文件”持续关注“三农”问题,“中央一号文件”成了中共中央重视“三农”问题的专有名词。

➡➡“中央一号文件”的由来

1982 年 1 月 1 日,中共中央批转第一个一号文件,即《全国农村工作会议纪要》,文件强调了包产到户、包干到户等都是社会主义集体经济的生产责任制,也是社会主义农业经济的一部分。1982 年至 1986 年连续五年发布的“中央一号文件”都以农业、农村和农民为主题。1983 年 1 月 2 日,中共中央确立了家庭联产承包责任制的社会主义性质,指出“在党的领导下,家庭联产承包责任制是源于我国农民的伟大创造,是马克思主义农业合作化理论在我国实践中的新发展”。2004 年至 2021 年连续发布以“三

农”为核心的“中央一号文件”。现如今，“中央一号文件”已经成为中共中央重视农村问题的专有名词。2021 年 2 月 21 日发布的“中央一号文件”，是 21 世纪以来发布的第18 个指导“三农”工作的文件。

作为关系到国计民生，影响我国建设、改革重点的关键问题，“三农”历来是国家关注的焦点。在 2020 年底召开的中央农村工作会议上总书记指出：“我们要坚持用大历史观来看待农业、农村、农民问题，只有深刻理解了‘三农’问题，才能更好理解我们这个党、这个国家、这个民族。”2021 年“中央一号文件”强调，“十四五”时期，是乘势而上开启全面建设社会主义现代化国家新征程、向第二个百年奋斗目标进军的第一个五年，要把乡村建放在社会主义现代化建设的重要位置，促进农业高质高效、乡村宜居宜业、农民富裕富足。

➡➡由“中央一号文件”看惠农政策

2004 年，中共中央出台的一号文件《中共中央国务院关于促进农民增加收入若干政策的意见》，提出了建立农业直接补贴制度，其中包括三类：农具购置补贴、良种补贴和种粮农民补贴。2008 年，中共中央发布了《中共中央国务院关于切实加强农业基础建设进一步促进农业发展农民增收的若干意见》，明确提出农资综合补贴项目。2009—2013 年，四项补贴政策逐渐健全完善。2014—2017 年，四项优惠政策都已经进入精准落地和执行时期，更有力地发挥了它们的功能。在国家多个惠民政策的推动下，农民人均可支配收入呈稳定持续增长。2019 年，贫困地区农村居民人均可支配收入为11 567 元，比上年增长 11.5%，排除价格因素影响，实际增长 8.0%，实际增速比全国农村快 1.8 个百分点。2020 年，农民人均可支配收入达 17 131 元，比上一年实际增长 3.8%，城乡居民收入差距由 2019 年的 2.64∶1 缩小到 2.56∶1。

惠农政策的发展主要包含了以下三个特征：指导思想不断深化，政策覆盖范围不断扩大，实现了由农业和乡镇经济到城乡一体化的重大转变。改革开放以来，惠农政策实现了三次历史性的飞跃：家庭联产承包责任制是惠农政策的开篇，新农村建设是惠农政策的进一步推进，乡村振兴战略是惠农政策的新跨越。2015 年的“中央一号文件”《中共中央国务院关于加大改革创新力度加快农业现代化建设的若干意见》，要求推进新型工业化、信息化和城镇化一同发展，在提高粮食生产能力上突破新层次，在优化农业结构上开辟新道路，在转化农业发展途径上寻求新高度，在增加农民收入上获得新业绩，在建设新农村上写出新篇章，为经济社会持续稳定发展提供有力的支持。

2021 年是“十四五”的开局之年，为了全面推进乡村振兴、加快农业农村现代化，“中央一号文件”下达了多种措施，加速了农业发展、促进了农民增收。促进计划经济

体制向市场化的转型，从而推进城乡二元结构向城乡融合、城乡一体化的方向发展，加大国家对农业的扶持力度。

➡➡“中央一号文件”与乡村振兴

国家统计局数据显示，我国每年粮食总产量始终在1.3万亿斤以上，农民人均可支配收入比2010年翻一番。自1986年开始，中共中央出台了大规模反贫困政策，在全国范围内开展有计划、有组织的开发式扶贫。1986年成立了国务院贫困地区经济开发领导小组，1993年改名为“国务院扶贫开发领导小组”。改革开放40余年来，中国取得完成脱贫攻坚的伟大成就：2020年精准扶贫工作圆满收官，全面小康社会已经完全建成，在现行标准下，农村贫困人口全面脱贫。在脱贫攻坚收官之后，2021年的“中央一号文件”提出了要设立过渡期，实现巩固拓展脱贫攻坚成果同乡村振兴有效衔接。对已经摆脱贫困的县，在脱贫攻坚任务完成后，从脱贫之日起设立为期5年的过渡期，并要求保持脱贫攻坚成果，健全防治返贫动态监测和帮扶机制，持续推进脱贫地区乡村振兴，加强农村低收入人口常态化帮扶。

2021年“中央一号文件”指出：编制村庄规划要保留乡村特色风貌，立足现有基础，不大拆大建。文件强调，乡村建设是为民而建，要稳扎稳打、随机应变，不违背农民的意愿，把好事办好、把实事办实。

2021年“中央一号文件”指出，如今农村环境已经明显改善，农村改革继续加快深入，农村社会持续稳定和谐，即将同步全面建成小康社会。2018年9月中共中央国务院印发《乡村振兴战略规划（2018—2022年）》指出：“到2022年，乡村振兴的制度框架和政策体系初步健全。国家粮食安全保障水平进一步提高，现代农业体系初步构建，农业绿色发展全面推进；农村一二三产业融合发展格局初步形成，乡村产业加快发展，农民收入水平进一步提高，脱贫攻坚成果得到进一步巩固；农村基础设施条件持续改善，城乡统一的社会保障制度体系基本建立；农村人居环境显著改善，生态宜居的美丽乡村建设扎实推进；城乡融合发展体制机制初步建立，农村基本公共服务水平进一步提升；乡村优秀传统文化得以传承和发展，农民精神文化生活需求基本得到满足；以党组织为核心的农村基层组织建设明显加强，乡村治理能力进一步提升，现代乡村治理体系初步构建。探索形成一批各具特色的乡村振兴模式和经验，乡村振兴取得阶段性成果。”“到2035年，乡村振兴取得决定性进展，农业农村现代化基本实现。农业结构得到根本性改善，农民就业质量显著提高，相对贫困进一步缓解，共同富裕迈出坚实步伐；城乡基本公共服务均等化基本实现，城乡融合发展体制机制更加完善；乡风文明达到新高度，乡村治理体系更加完善；农村生态环境根本好转，生态宜居的美丽乡村基本实现。”“到2050年，乡村全面振兴，农业强、农村美、农民富全面

实现。”

2021年“中央一号文件”题为《中共中央国务院关于全面推进乡村振兴加快农业农村现代化的意见》，强调了要将“三农”问题作为全党各项工作的重中之重，把全面推进乡村振兴，加快农业农村现代化作为实现中华民族伟大复兴的一项重大任务；深入推进农业供给侧结构性改革，保持粮食播种面积稳定、产量超过1.3万亿斤；农民收入增长快于城镇居民，脱贫攻坚成果持续巩固和加强。农业农村现代化规划启动落实，乡村建设行动全面启动，农村人居环境整治提升，农村改革重点任务深入推进，农村社会保持和谐稳定。

▶▶脱贫攻坚的历史伟业

党的十八大以来，中共中央团结带领全党全国各族人民，实施了人类历史上规模最大、力度最强的脱贫攻坚战，困扰中华民族千百年来的绝对贫困问题得到历史性解决，创造了人类减贫史上的奇迹。

➡➡扶贫先扶志，扶贫必扶智

扶贫先扶志，扶的是教育与思想。下一代要过上好生活，首先要有文化，这样将来他们的发展就完全不同。义务教育一定要搞好，让孩子们受到好的教育，不要让孩子们输在起跑线上。古人有“家贫子读书”的传统。把贫困地区孩子培养出来，这才是根本的扶贫之策。

讲讲农业大学扶志的故事。2018 年以来，南京农业大学指导定点扶贫工作，部署实施“南农麻江 10＋10 行动计划”。以教育扶贫为助力，扶志优先，“一对一”资助帮扶“禾苗学子”，精心组织开展实践游学，每年捐赠游学经费约 15 万元，2 批 56 位品学兼优的麻江学子走出大山。“智志结合”，设立爱心奖助学金每年5 万元，激励学生用自己的力量改变家庭命运，首批奖助优秀学生60 人。坚持以需求为导向，力求解决教育软硬件“卡脖子”的问题，实现社会化公益“精准助力”。南京农业大学校长陈发棣介绍，学校拥有全世界最大的菊花基因库，自 2013 年定点帮扶麻江以来，已在当地试种了 500 多种菊花，面积超过 2 000 亩，近 5 年带动农旅收入超过 2 亿元(图 6)。

图 6　田园麻江

到 2018 年底，麻江县所有贫困村全部出列。2019 年 4 月 24 日，贵州省人民政府发文同意麻江县退出贫困县

序列。同年 6 月，南京农业大学定点扶贫麻江县入选第一届高等学校新农村发展研究院（新农院）乡村振兴暨脱贫攻坚十大典型案例，并在全国新农院会议上做典型经验交流。

扶贫必扶智，扶的是技术与思路。俗话说得好，家有良田万顷，不如薄技在身。要加强老区贫困人口职业技能培训，授之以渔，使他们都能掌握一项就业本领。贫困户掌握一技之长，就能凭本事吃饭。

为了解决农民一技之长的问题，全国选派了300 多万名干部担任贫困村和软弱涣散村第一书记。来自石河子大学的驻村干部张小宾便是其中一员。在新疆疏勒县巴合齐乡喀克其村，张小宾带领工作队员和村干部进行全覆盖村民调研，调整种植养殖结构，计划将传统作物种植改为集中种植 170 亩豇豆。对嫌累的村民进行思想动员，为不懂技术的村民请来石河子大学的专家。每年组织村党员和村民赴多地考察特色项目，带领工作队秉持科技致富理念，将人民对美好生活的向往作为脱贫攻坚的工作目标，让村民开阔视野，转变观念，激发村民内生动力。将扶智与扶志相结合，为喀克其村蹚出了一条短期脱贫、长期致富的发展之路。

➡➡扶贫贵在精准

在 2013 年 11 月，习近平总书记到湖南湘西考察时指出“实事求是、因地制宜、分类指导、精准扶贫”，这是

"精准扶贫"重要思想的最早阐述。2014 年 1 月,中共中央办公厅详细规制了精准扶贫工作模式的顶层设计,推动"精准扶贫"思想落地。2014 年 3 月,总书记在两会期间参加代表团审议时强调,要实施精准扶贫,瞄准扶贫对象,进行重点施策,进一步对精准扶贫理念进行了阐释。2015 年 1 月,总书记在云南调研,强调坚决打好扶贫开发攻坚战,加快民族地区经济社会发展。2015 年6 月,总书记来到贵州省,强调要科学谋划好"十三五"时期的扶贫开发工作,确保到 2020 年贫困人口如期脱贫,并提出扶贫开发"贵在精准,重在精准,成败之举在于精准"。"精准扶贫"成为各界热议的关键词。

再来讲讲农业大学精准扶贫的故事。韩雷是千万驻村干部中的一员,作为沈阳农业大学下派干部,韩雷派驻的扶贫单位是建平县黑水镇大营子村。大营子村距离朝阳黑水镇 15 公里,全村共 550 户 1 780 人,有建档立卡贫困户 221 户 628 人。当地土壤瘠薄,十年九旱,村里无产业,村民无工作,集体负债重,是典型的"三无"村。针对村里的贫困现状,韩雷伏下身子搞调研,走村串户摸清实情。他发现当地非常适合种植小杂粮,且家家户户都会种植谷子、绿豆、小豆等作物,但一些农户还在种植产量低的老品种,种地缺乏科技含量,有的地块因连年种同一种作物,病虫害多,造成严重减产。

为了带领农民提高种植水平,韩雷种植新品种,引入新技术。大营子村的谷子种植面积最大，2018 年韩雷引入“东谷一号”谷子新品种，种植了 1 亩地的试验田，当年谷子新品种比地方品种增产 260 斤，百姓很认可。经过 2018 年的试验、示范，2019 年在黑水地区“东谷一号”累计推广 120 亩地，平均亩产达 700 斤，高产地块亩产超过 900 斤。以当年“大金苗”（常年种植的品种）平均亩产 450 斤产量计算，“东谷一号”每亩增产 250 斤，谷子时价是每斤 2.4 元，当年“东谷一号”为当地增收 70 000 余元，新品种为当地百姓增产增收提供了有力保障。三年中，韩雷在当地连续两年引入国家谷子高粱产业体系试验，带动贫困户种植马铃薯-水果胡萝卜复种试验田 1 处，谷子新品种展示田 3 处，藜麦试验田 1 处，大豆、蔬菜试验田 11 处，糯玉米试验田 1 处，油用向日葵试验田 1 处，充分发挥展示田直观、效果好的优势，为村民接触农业新品种、新技术开辟了最便捷的途径，点燃了全村优化种植结构、全力奔小康的热情(图 7)。

图 7　建平杂粮之乡

➡➡不能忘的"脱贫数字"

经过全国人民的不懈努力，我国如期完成脱贫攻坚任务，在现行标准下，832 个贫困县全部摘帽，12.8 万个贫困村全部出列，9 899 万农村贫困人口全部脱贫。脱贫攻坚 8 年来，中央、省、市县财政专项扶贫资金累计投入近 1.6 万亿元，其中中央财政累计投入 6 601 亿元。新改建农村公路 110 万公里，新增铁路里程 3.5 万公里。790 万户2 568 万贫困群众的危房得到改造，累计建成贫困群众集中安置区 3.5 万个、安置住房 266 万套，960 多万人"挪穷窝"，摆脱了闭塞和落后，搬入了新家园。贫困地区农网供电可靠率达到 99%，大电网覆盖范围内贫困村通动力电比例达到 100%，贫困村通光纤和 4G 比例均超过 98%。全国累计选派 25.5 万个驻村工作队、300 多万名第一书记和驻村干部，同近 200 万名乡镇干部和数百万名村干部一道奋战在扶贫一线，1 800 多名同志将生命定格在了脱贫攻坚征程上。

一串串数字印证了坚实的"脱贫"足迹。山村的变化就是国家富强的变化，脱贫攻坚的功绩会被历史铭记。

▶▶ 乡村振兴的时代责任

从根本上解决"三农"问题是乡村振兴的核心。乡村不发展，中国就不可能真正发展；乡村不实现小康，中国就不可能全面实现小康社会；乡土文化得不到重构与弘扬，中华优秀传统文化就不可能得到真正的弘扬。乡村振兴对振兴中华、实现中华民族伟大复兴的中国梦都有着重要的意义。

➡➡来龙去脉话振兴

先从一张邮票谈起。2006 年，国家邮政局发行了一张特种邮票，面值为 80 分，票面上用一个“税”字纪念延续了 2 600 多年的农业税被取消，这无疑具有重大的历史和现实意义。自古以来，中国历代依靠农业税维持国家机器的运转，而现在农业税被终结，9 亿多农民直接受益，标志着中国的现代化进入了一个新的历史时代。

我国现在总体上已到了以工促农、以城带乡的发展阶段。在取消农业税的同时，国家也加大了对农业的投入，农业项目已经成为中央财政投入的重头戏。

再来看看我们的国情。截至 2021 年 4 月，世界上共有 14 个国家人口过亿，而人口过亿的发达国家只有美国和日本，但是这两个国家的人口都不及我国人口的零头。“必须看到，我国幅员辽阔，人口众多，大部分国土面积是农村，即使将来城镇化水平到了 70%，还会有四五亿人生活在农村。为此，要继续推进社会主义新农村建设，为农民建设幸福家园和美丽乡村。”

党的十九大对目前我国社会主义建设的中心任务做出了重大的判断，“中国特色社会主义进入新时代，我国社会主要矛盾已经转化为人民日益增长的美好生活需要和不平衡不充分的发展之间的矛盾”。当前和未来，党和国家的工作中心将紧密围绕解决主要矛盾。由于历史债务太多，加上各种因素，城市和农村地区之间发展不平衡是最突出的矛盾，是我国现阶段经济和社会发展的结构性矛盾。实施乡村振兴战略是中国共产党在全面理解和把握中国国情及发展阶段特点的基础上，顺应农民对更好生活的希望，从党和国家事业发展的重大战略决策出发，是全面建设社会主义现代化国家的必然选择，也是不断推进农村改革发展的必然要求。

➡➡“五个振兴”助振兴

2018 年 3 月 8 日，习近平总书记在参加第十三届全国人民代表大会第一次会议山东代表团审议时，着重论述了实施乡村振兴战略，提出了“五个振兴”，即“产业振兴、人才振兴、文化振兴、生态振兴、组织振兴”，五个方向构成一个整体，明确了实施乡村振兴战略的主攻方向。

产业振兴就是发展农业和农村的各种行业，构建乡村产业体系，以满足人民日益增长的需要，解决农业和农村地区更好的生活需求和农业农村发展不平衡、不充分之间的矛盾。产业振兴对农产品和扩展产品的质量和安全也提出了更高的要求，必须走绿色发展之路。农产品加工业发展水平低，与发达国家差距较大，要制定有效的政策促进农业发展，加快农业一二三产业融合发展的步伐，促进农业的多元化，提高农业产业的整体营利能力，整体考虑培养新型的农业管理主体和支持小农户，采取

有针对性的措施，促进小农户和现代农业发展的有机联系。

人才振兴就是开发农村人力资本，畅通智力、技术、管理向农村输送渠道，更多地吸纳当地人才；全面构建职业农民体系，完善配套政策体系，培育新型职业农民；创新人才培养模式，培养职业经理人、乡村工匠、非物质文化遗产传承人等；发挥科技人才的支持作用，建立有效的激励机制，以乡愁为纽带，吸引支持企业家、党政干部、专家学者、医生、教师、建筑师、律师、技能人才等参与农村建设。

文化振兴就是加强农村思想道德建设，继承优秀传统文化，促进农村发展；加强农村公共文化建设，广泛开展移风易俗活动。

生态振兴就是要营造生态乡村的宜居魅力，实现人民富足与生态美的统一。统筹山水、林田、湖草系统管理，根植"绿水青山就是金山银山"的理念；加强整治农村面源污染等突出环境问题，大力发展绿色农业；正确处理好发展与保护的关系，把农村生态优势转化为发展生态经济的优势，提供更多更好的绿色生态产品和服务，促进生态经济良性循环。

组织振兴是充分发挥农村党支部和村委会的核心作用，通过发展农民专业合作社等农民合作经济组织，团结农民，服务农民；鼓励建立农村老年人协会等民间组织，引导广大农民爱国、爱家、爱村，实现经济发展与社会和谐的高度统一。

➡➡乡村振兴，未来可期

我国农业农村经济发展成效显著，尤其是在解决了绝对贫困的问题之后，增强了农民的幸福感、安全感和获得感。

在“十四五”开局之年，向第二个百年奋斗目标迈进的历史关口，我国将乡村振兴提到了“三农”工作的重要位置。全国人民奔小康，无论是从公平的角度，还是从不忘初心的角度，乡村都应和城市一样与时俱进，共享国家发展的成果。从和谐社会构建的角度，乡村也必须补短板，和城市得到同步的发展。

振兴乡村绝非一朝一夕就能够完成的，我们现在要有足够的耐心和定力。就世界范围看，美国有 11 个人口超过 100 万的城市，而中国有 100 多个，因此，如何在中国这样一个拥有 14 亿人口的国家实现现代化，在世界上没有先例，也没有现成的经验。我们只能自己找出答案。

实施乡村振兴战略，要注意国际经验的学习和吸收，也必须要根据中国的国情走自己独特的发展道路。如果我们能够成功地走出一条通过乡村振兴完美地实现现代化的路径，就能站在新的历史起点上，展望民族复兴的光明前景，并铺开一幅农业优质、乡村美丽、农民富足的绚丽多姿新画卷。

农学:实现梦想的地方

种豆南山下，草盛豆苗稀。晨兴理荒秽，带月荷锄归。

——陶渊明

▶▶关于大学和学科排名

每年高考填报志愿或选择出国留学去向时，人们就会想，就会问，哪所大学更好？各种大学排名网页成为热点，登上热搜，点击量猛增。一般判断大学水平的依据主要是大学排名，就国内大学而言，除大学排名外还有教育部学科评估以及国家发展高等教育大政方针确定的重点支持序列等。大学排名是根据各项科学研究和教学标准、学校发表的研究报告和学术论文等，针对相关大学在数据、报告、成就、声望等方面进行数量化评鉴，再通过加权后形成的。中国大学排名有软科版、中国大学排行榜版、武书连版、校友会版和武汉大学中国科教评价网版等，世界大学排名有英国 QS 世界大学排名、美国 U. S. News 世界大学排名，其他还有英国世界大学/机构自然指数排名、美国基本科学指标数据库排名、西班牙世界大学网络排名、荷兰莱顿世界大学排名、俄罗斯莫斯科国际大学排名、欧盟多维度全球大学排名等。

教育部2002年首次开展学科评估,2017年完成了第四轮评估,按"学科整体水平得分"的位次百分位,将前70%的学科分为9档公布:前2%(或前2名)为A+,2%~5%为A(不含2%,下同),5%~10%为A-,10%~20%为B+,20%~30%为B,30%~40%为B-,40%~50%为C+,50%~60%为C,60%~70%为C-。2020年底又启动了第五轮学科评估,将于2021年公布评估结果。

大家耳熟能详的"211工程"是国务院1995年11月启动的面向21世纪、重点建设100所左右的高等学校和一批重点学科的建设工程。后来的"985工程"是国务院在世纪之交为建设具有世界先进水平的一流大学而做出的重大决策,1999年正式启动。"211工程"共有112所大学,"985工程"共有39所大学。"建设世界一流大学和一流学科"简称"双一流",是中国高等教育领域继"211工程""985工程"之后的又一国家战略,2017年9月公布首批"双一流"建设高校共计137所,其中世界一流大学建设高校42所(A类36所,B类6所),世界一流学科建设高校95所;双一流建设学科共计465个(其中自定学科44个)。

在此想提醒读者，其实大学并无绝对的好坏之分，不同排名方法侧重点不同，标准各异，有以科学研究见长的研究型大学，有把应用放在首位的应用型大学，还有两者兼顾的应用研究型大学；各大学各有所长，学科之间差异很大，一所大学很有名，但不一定所有专业都领先；相反，一所大学排名不靠前，但有的专业可能处于先进水平。农学是研究作物和畜牧生产相关领域的学科，涉及农业发展的自然规律和经济规律，既与物理学、化学等基础学科有显著差异，也有别于机械、外语等应用学科，其最突出的特点是与自然条件有密切关系，具有很强的区域性，还受生产力和生产关系制约。比如发达国家大规模机械化、智能化现代农业理论与技术，不可能照搬应用于发展中国家小规模分散经营传统农业；再比如低纬度热带亚热带作物不能适应中高纬度温带气候；海南岛一年四季都可以种植作物，而东北一年一季收获后已经是千里冰封。考生如何选学校报专业，应根据本人具备的条件、实际能力、志向和将来就业等方面综合考虑。

▶▶世界知名农业高校一瞥

正如前文所述，不同大学排名方法侧重点不同，标准各异，有以科学研究见长的研究型大学，有把应用放在首位的应用型大学，还有两者兼顾的应用研究型大学。因此，所谓世界知名农业高校，也是仁者见仁，智者见智，众口难调。现简要介绍以下 10 所国外涉农高校。

➡➡瓦格宁根大学

瓦格宁根大学始建于 1876 年(时为荷兰国家农业大学)，是荷兰唯一以农业科学、健康食品和人居环境为主题的大学，在荷兰国内大学排名中位居前 5，在世界大学排行榜中位居 100 名左右，优势学科包括农业科学、植物科学、食品科学、生命科学和环境生态科学等，这些学科均获得过世界第一。尤其是在农业科学(和食品科学)方面，瓦格宁根大学是荷兰、欧洲乃至世界顶尖的农业学府，长期排名世界第一，文献引用量在世界范围内排名前 3；在植物和动物科学方面，文献引用量在世界范围内排名第 5；在环境科学与生态学方面的研究机构中曾排名世界第一。

➡➡宾夕法尼亚大学

宾夕法尼亚大学创办于 1740 年，建校时间早于美国建国时间(1776 年)，是一所全球顶尖的研究型大学，是美国第 4 古老的高等教育机构，也是美国第一所从事科学技术和人文教育的现代高等学校。四分之三学科排名全美前 10，超过一半的学科位于全美前 5，是美国第一个开设农学相关课程的大学。诞生了人类历史上第一台通用电子计算机；研发出风疹疫苗、乙肝疫苗等，挽救了无数生命；诞生了 28 位诺贝尔奖获得者。知名校友有全球著

名投资家巴菲特、我国著名建筑学家梁思成、“中国半导体之母”林兰英、中国原生动物学奠基人王家楫等。

➡➡俄勒冈州立大学

俄勒冈州立大学创办于1858年,是一所世界著名的研究型大学,作为美国仅有的两所获得政府赠地以及同时参与海洋、航空、能源计划的大学之一而享有独特的声誉,被誉为“公立大学之典范”。全世界第一个计算机中央处理器、第一个液晶显示器、第一个轻水原子反应堆、第一台飞机发动机均诞生在俄勒冈州立大学,生物工程、土木工程、药剂学、兽医学等专业位列全美前50,共有12位校友获得了诺贝尔奖。

➡➡艾奥瓦州立大学

艾奥瓦州立大学的全称为艾奥瓦州立科学技术大学,创建于1862年,是久负盛名的学术联盟美国大学协会成员,在生物、农业、机械和物理等学科领域有着世界级声誉,兽医和统计专业位列全美前列,生物工程与农业工程全美排名第2,建筑学和景观建筑设计分别位列全美第13和第8。

➡➡昆士兰大学

昆士兰大学始建于1909年,是澳大利亚最大、最有声望的大学之一,同时还是环太平洋大学联盟及新工科教育国际联盟等组织成员。昆士兰大学是世界著名顶尖大学,拥有两位诺贝尔奖得主校友,他们分别获得 1996 年和 2005 年的诺贝尔生理学或医学奖。澳大利亚前总理陆克文和首位女澳大利亚总督昆廷·布赖斯均为昆士兰大学校友。昆士兰大学拥有宫颈癌疫苗、核磁共振成像等诸多重大科研成果。昆士兰大学的农业科学专业是极具综合性的农业相关专业,其农学、园艺学、植物保护等专业一直是本领域各国留学生的选择热点。

➡➡威斯康星大学麦迪逊分校

威斯康星大学麦迪逊分校创建于 1848 年,是一所世界顶尖的著名公立研究型大学。该校是威斯康星大学系统的旗舰学府,是美国大学协会和十大联盟创始成员之一,被誉为公立常春藤大学。威斯康星大学麦迪逊分校是美国最受尊敬的名校之一,在各个学科和领域均享有盛誉,产生了 25 位诺贝尔奖得主,取得了发现维生素 A 和维生素 B、胚胎移植、分离胚胎干细胞等成果。170 多年以来,威斯康星大学麦迪逊分校作为世界高等教育史上具有划时代意义的“威斯康星思想”发源地,对美国和世界的教育、科技、经济及社会发展做出了杰出贡献。我国超级稻之父杨守仁教授 1951 年初在该校获得博士学位。

➡➡普渡大学

普渡大学常指普渡大学系统下的旗舰校区——普渡大学西拉法叶分校,创建于 1869 年,是世界知名高等学

府、美国著名国家大学、十大联盟创始成员之一、美国大学协会成员之一,被誉为公立常春藤大学。普渡大学是远近闻名的理工科老牌名校,其工程学院属于世界顶尖行列,与麻省理工学院、斯坦福大学等常年一同位列美国工科十强榜。世纪工程胡佛水坝和金门大桥均出自普渡师生之手。在理科方面,普渡大学诞生了 13 位诺贝尔奖得主。中国的"两弹元勋"邓稼先、第一代火箭专家梁思礼、热能工程奠基人陈学俊和王补宣均毕业于此。普渡大学被誉为"美国航空航天之母",于 1962 年创办了美国高校首个计算机科学系,并一直位居全美前 20,模式识别、遥控技术等都诞生于此,拥有全美大学中处理速度最快的超级计算机。另外,普渡大学的农学院、药学院、兽医学院、技术学院均排名全美前 10。

➡➡得克萨斯 A&M 大学

得克萨斯 A&M 大学也被译为得州农工大学,始建于 1876 年,是世界顶尖的公立研究型大学,与加州大学、密歇根大学、弗吉尼亚大学等并称美国最具价值的公立大学,其中农学院、商学院、工程院、地球科学院和兽医学院为全美最大的专科学院。得克萨斯 A&M 大学是世界领先的农业科学领域的大学之一,该大学的生物和农业工程专业在美国排名第一。该大学以顶尖的克隆技术闻名于世,人类史上的第一只克隆猫、克隆狗都是该校的研究成果,诞生了 5 位诺贝尔奖得主。

➡➡康奈尔大学

康奈尔大学于1865年建立，是世界顶级私立研究型大学，美国大学协会创始院校之一，著名的常春藤盟校成员之一。康奈尔大学采用公私合营的办学模式，最初以农工学院为特色而起家。农业领域专业排名全美第2，共有61位康奈尔大学的校友或教研人员获得诺贝尔奖。培养了植物遗传学大师张德慈、中国现代小麦科学奠基人金善宝、中国鱼类学专家朱元鼎、中国现代棉作科学奠基人冯泽芳、克隆牛之父杨向中、新文化运动领导者胡适、中国桥梁之父茅以升等著名学者。

➡➡加利福尼亚大学

加利福尼亚大学简称加州大学，起源于1853年建立在奥克兰的加利福尼亚学院，1868年正式更名为"加州大学"。如今，加州大学已发展成一个拥有10所公立大学并对世界发展影响深远的大学系统。这些校区包括加州大学伯克利分校、加州大学洛杉矶分校、加州大学圣地亚哥分校、加州大学旧金山分校、加州大学圣塔芭芭拉分校、加州大学尔湾分校、加州大学戴维斯分校、加州大学圣克鲁兹分校、加州大学河滨分校和加州大学美熹德分校。据不完全统计，加州大学获诺贝尔奖的人数不少于120人，多年来加州大学的农业和林业一直名列第一。

▶▶国内知名农业高校巡礼

中国有近百所农林类高校，其中本科高校50多所，由于校部院系调整等原因，数据经常变化。如北京大学2017年成立了现代农学院，再如中国科学院大学2018年也成立了现代农业科学学院。由此也可以体现出农学之重、农学之美、农学之魅。下面简要介绍2017年第四轮学科评估中作物学学科评价为B以上，即前30%的农业大学。

➡➡中国农业大学

中国农业大学是教育部直属，水利部、农业农村部和北京市共建，国家“双一流”建设、原“985工程”“211工程”高校。中国农业大学肇始于1905年成立的京师大学堂的农科大学。1949年9月，北京大学农学院、清华大学农学院和华北大学农学院合并成立北京农业大学。1995年9月，北京农业大学和北京农业工程大学合并组建中国农业大学。历经百年的风雨，中国农业大学已经发展成为一所以农学、生命科学和农业工程为特色和优势的研究型大学。涉农国家级一流本科专业：生物科学、农业工程、农业水利工程、资源环境科学、食品科学与工程、农学、园艺、植物保护、动物科学、草业科学、农林经济管理、动物医学土地资源管理、农村区域发展、食品质量与安全、种子科学与工程。

➡➡南京农业大学

南京农业大学是一所以农业和生命科学为优势和特色的国家“双一流”建设、原“985 工程”“211 工程”高校。学校前身可溯源至 1902 年三江师范学堂农业博物科和 1914 年金陵大学农科。1952 年全国高校院系调整时，南京大学农学院、金陵大学农学院和浙江大学农学院部分系科合并成立南京农学院；1972 年迁至扬州与苏北农学院合并，成立江苏农学院；1979 年迁回南京，恢复南京农学院；1984 年更名为南京农业大学，2000 年由农业农村部划转教育部直属领导。涉农国家级一流本科专业：生物科学、农业机械化及其自动化、食品科学与工程、农学、园艺、植物保护、种子科学与工程、农业资源与环境、动物科学、动物医学、农林经济管理、土地资源管理、生物技术、食品质量与安全、水产养殖学、草业科学、农村区域发展。

➡➡浙江大学(浙江大学农业与生物技术学院)

浙江大学前身是创立于 1897 年的求是书院，1928 年定名为国立浙江大学。后几经变迁，1952 年主体部分在杭州重组为若干所院校，后分别发展为原浙江大学、杭州大学、浙江农业大学和浙江医科大学。1998 年，同根同源的四校实现合并，组建了新的浙江大学。1999 年7 月，原浙江农业大学的农学系、植物保护系、园艺系、茶学系、原子核农业科学研究所、生物技术研究所和教学实验农场

等组建成立农业与生物技术学院。涉农国家级一流本科专业:农业工程、环境科学、农学、生态学、园艺、动物科学、农林经济管理、农业资源与环境、生物科学、植物保护、生物系统工程等。

➡➡华中农业大学

华中农业大学位于湖北省武汉市南湖狮子山山脚,是一所以农业和生命科学为优势和特色的国家“双一流”建设、原“985 工程”“211 工程”高校。华中农业大学办学可追溯至 1898 年清朝光绪年间湖广总督张之洞奏请清政府创办的湖北农务学堂,是中国高等农业教育起点之一。历经传承演变,1952 年以武汉大学农学院、湖北省农学院的整体和原中山大学、南昌大学、河南大学、广西大学、湖南农学院、江西农学院的部分系(科)组建成立华中农学院,1985 年更名为华中农业大学。2000 年由农业农村部划转教育部直属领导。涉农国家级一流本科专业:生物科学、生物技术、食品科学与工程、风景园林、园艺、植物科学与技术、农业资源与环境、动物科学、动物医学、水产养殖学、农林经济管理、土地资源管理、食品质量与安全、生物工程、农学、植物保护、园林。

➡➡山东农业大学

山东农业大学是农业农村部、国家林业和草原局与山东省人民政府共建高校,入选国家“特色重点学科项目”、山东特色名校工程、山东省“一流学科”建设项目、山东省高水平大学“冲一流”建设高校，是一所以农业科学为优势、生命科学为特色的多科性大学。山东农业大学坐落在泰山脚下，前身是1906年创办于济南的山东高等农业学堂。后几经变迁，1952年经全国院系调整，成立山东农学院。1958年由济南迁至泰安，1983年更名为山东农业大学。1999年，原山东农业大学、山东水利专科学校合并，同时山东省林业学校并入，组建新的山东农业大学。涉农国家级一流本科专业：生物技术、水利水电工程、农业机械化及其自动化、食品科学与工程、农学、园艺、植物保护、农业资源与环境、动物科学、动物医学、林学、种子科学与工程、土地资源管理。

➡➡湖南农业大学

湖南农业大学坐落于湖南省长沙市，是国家“特色重点学科项目”建设高校、湖南省“双一流”A类建设高校。湖南农业大学办学起始于1903年10月8日创办的私立修业学堂，历经湖南省私立修业高级农业职业学校、湖南省立修业农林专科学校、湖南农学院等阶段。1951年3月，湖南省立修业农林专科学校与湖南大学农业学院合并组建为湖南农学院，同年11月毛泽东主席亲笔题写校名；1994年更名为湖南农业大学。涉农国家级一流本科专业：生物科学、食品科学与工程、农学、园艺、动物科学、生物技术、生物信息学、风景园林、生物工程、种子科学与工程、烟草、动物药学、动植物检疫、中药资

源与开发。

➡➡四川农业大学

四川农业大学是国家“双一流”世界一流学科建设高校、原“211 工程”高校，是一所以生物科技为特色、农业科技为优势的综合性农业大学。四川农业大学前身是创办于 1906 年的四川通省农业学堂，1927 年和 1935 年两次并入四川大学，1956 年由四川大学农学院整体迁往雅安，成立四川农学院，1985 年更名为四川农业大学。涉农国家级一流本科专业：草业科学、环境工程、金融学、旅游管理、农林经济管理、农业资源与环境、生物技术、土地资源管理、园林、园艺、植物保护、农学、林学、食品科学与工程、动物科学、动物医学。

➡➡西北农林科技大学

西北农林科技大学，坐落于陕西省杨凌示范区，是一所以农业和生命科学为优势和特色的国家“双一流”建设高校，原“985 工程”“211 工程”高校。西北农林科技大学是教育部直属高校，也是全国农林水学科最为齐备的高等农业院校，葡萄酒专业稳居全国第一。学校前身是创办于 1934 年的国立西北农林专科学校。1999 年西北农业大学、西北林学院、中国科学院水利部水土保持研究所、水利部西北水利科学研究所、陕西省农业科学院、陕西省林业科学院、陕西省中国科学院西北植物研究所七所科教单位合并组建为西北农林科技大学。涉农国家级一流本科专业：生物技术、水文与水资源工程、农业水利工程、资源环境科学、食品科学与工程、葡萄与葡萄酒工程、农学、园艺、植物保护、水土保持与荒漠化防治、动物科学、动物医学、林学、草业科学、农林经济管理、种子科学与工程、设施农业科学与工程、水产养殖学、森林保护、水利水电工程、生物工程。

➡➡沈阳农业大学

沈阳农业大学坐落在国家历史文化名城沈阳市，是国家“特色重点学科项目”建设高校、辽宁省一流大学重点建设高校，是以农业与生命科学为特色的综合性农业研究应用型大学。沈阳农业大学的办学历史可追溯至我国农业教育的始兴时期——1906 年清政府设立的省立奉天农业学堂，之后经历了奉天农业大学、东北大学农学院和沈阳农学院几个历史时期，1952 年经全国高等院校调整，与复旦大学农学院合并组建为新的沈阳农学院。涉农国家级一流本科专业：食品科学与工程、农学、园艺、林学、农林经济管理、农业机械化及其自动化、食品质量与安全、植物保护、设施农业科学与工程、农业资源与环境、动物医学、园林。

➡➡河南农业大学

河南农业大学由农业农村部、国家林业和草原局与河南省政府共建，是国家“特色重点学科项目”建设高校，是河南省省属重点大学、特色骨干大学建设高校，是一所

以农业与生命科学为特色的综合性农业大学。学校源自1902年创办的河南大学堂，先后历经了河南高等学堂、河南高等学校、河南公立农业专门学校、国立第五中山大学农科、河南大学农学院等阶段。1952年全国院系调整时重新独立建制，更名为河南农学院，1984年12月更名为河南农业大学。涉农国家级一流本科专业：农业建筑环境与能源工程、食品科学与工程、生物工程、农学、动物医学、林学、园艺、植物保护、烟草、园林、农林经济管理、应用化学。

➡➡华南农业大学

华南农业大学是一所以农业科学和生命科学为优势、以热带亚热带区域农业研究为特色、由广东省人民政府和农业农村部共建的省属大学，为广东省高水平大学建设高校，是国家"特色重点学科项目"建设高校。学校前身为始创于1909年的广东全省农事试验场暨附设农业讲习所。1952年，由中山大学农学院、岭南大学农学院和广西大学农学院畜牧兽医系及病虫害系的一部分合并组建为华南农学院，1984年更名为华南农业大学。涉农国家级一流本科专业：环境工程、风景园林、种子科学与工程、园林、生态学、生物技术、食品质量与安全、农学、园艺、植物保护、动物医学、动物科学、林学、农林经济管理。

➡➡西南大学

西南大学是教育部直属，教育部、农业农村部、重庆市共建的重点综合大学，是国家首批“世界一流学科建设高校”，原“985 工程”“211 工程”高校。学校可追溯至 1906 年建立的川东师范学堂，历经西南师范学院、西南农学院、西南师范大学、西南农业大学等阶段。2001 年西南农业大学、四川畜牧兽医学院、中国农业科学院柑桔研究所合并组建为新的西南农业大学。2005 年，西南师范大学、西南农业大学合并组建为西南大学。涉农国家级一流本科专业：农业机械化及其自动化、食品质量与安全、园林、动物科学、生物科学、食品科学与工程、农学、园艺、植物保护、农业资源与环境、蚕学、动物科学、水产养殖、农林经济管理。

➡➡扬州大学

扬州大学坐落于扬州，是教育部和江苏省共建高校，江苏省属重点综合性大学，江苏高水平大学全国百强省属高校建设计划支持高校，江苏省综合改革试点高校，国家“特色重点学科项目”建设高校。扬州大学前身是 1902 年由张謇创建的通州师范学校和通海农学堂。1992 年经国家教育委员会批准，由扬州师范学院、江苏农学院、扬州工学院、扬州医学院、江苏水利工程专科学校、江苏商业专科学校合并组建扬州大学。涉农国家级一流本科专业：生物技术、农业水利工程、烹饪与营养教育、农学、动物科学、动物医学、水利水电工程、种子科学与工程、植物保护、生物科学。

▶▶农学专业的区别与特色

➡➡广义的农学与狭义的农学

学科一般是指依据某些共性特征对知识体系的分类，首先分为二级学科（本科教育中称为“专业”），相近二级学科归类为一级学科（本科教育中称为“专业类”），进一步将具有一定关联的一级学科归类为学科门类，我国分为14个学科门类（图8）。

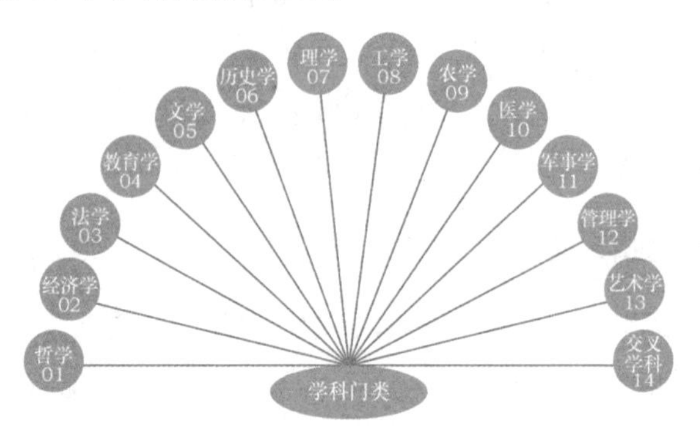

图8　14个学科门类

本科按学科门类授予学位，研究生按一级学科或二级学科授予学位。为了拓宽知识面，夯实基础和专业基础，近年来研究生，特别是博士研究生有偏向按一级学科招生、培养和授予学位的趋势。部分高校本科生也按专业类招生，前一两学年学习基础和专业基础课，然后选择专业学习专业课。以代码为09的农学学科门类为例，在本科教育中分为7个专业类，每个专业类包括若干个专业，例如代码为0901的植物生产类包括代码为090101的农学等9个专业(图9)，在研究生教育中分为作物学等9个一级学科(图10)。不难看出代码为09的农学学科门类与代码为090101的农学专业是完全不同的概念，前者是包括种植业、养殖业、农业资源与环境、林业、水产及草业的大农学，即广义的农学；后者是小农学、狭义的农学，中国普通高等学校本科植物生产类的一个专业，以大田作物为学习和研究对象，基本与研究生教育的作物学一级学科相对应。

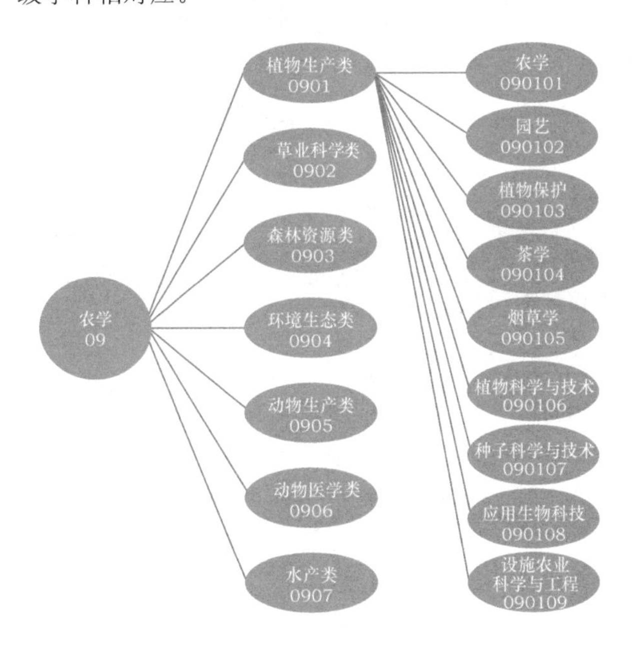

图9　本科农学专业类和专业

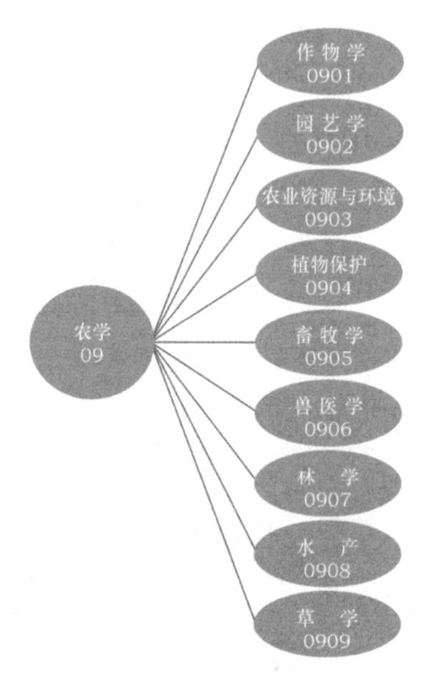

图 10　研究生农学一级学科

➡➡农学的特色

前面已经说到，农学学科门类是大农学、广义的农学，分为植物生产类、草业科学类、森林资源类、环境生态类、动物生产类、动物医学类和水产类 7 个专业类。

✣✣植物生产类

植物生产类包括农学、园艺、植物保护、茶学、烟草学、植物科学与技术、种子科学与技术、应用生物科学、设施农业科学与工程 9 个专业。培养具备作物高产优质、安全生产等方面的基本理论、基本知识和基本技能，可在相关领域如教育、科研、生产、管理、服务、企业等部门或单位从事技术与设计、教学与科研、推广与开发、经营与管理、咨询与服务等工作的专业人才。

农学专业主要课程：植物生理与生物化学、应用概率统计、遗传学、田间试验设计、农业生态学、作物栽培学与耕作学、育种学、植物分子生物学、种子学、农业经济管理、农业推广学、植物病虫害学等。

园艺专业主要课程：植物学、植物生理与生物化学、应用概率统计、遗传学、土壤学、农业生态学、园艺植物育种学、园艺植物栽培学、园艺植物病虫害防治学、园艺产品贮藏加工及营销学等。

植物保护专业主要课程：普通植物病理学、普通昆虫学、农业植物病理学、农业昆虫学、植物化学保护等。

茶学专业主要课程：植物生理与生物化学、应用概率统计、遗传学、土壤学、农业生态学、茶树栽培与育种学、茶叶生物化学、茶叶机械、茶叶加工学、茶叶审评与检验、经济管理与营销等。

烟草学专业主要课程：有机化学、化工原理、生物化学、烟草化学、卷烟香味化学、烟草原料学、卷烟工艺学、卷烟设备、烟草分析与检测、卷烟厂自动控制等。

植物科学与技术专业主要课程：植物学、植物生理学、生物化学、土壤与农业化学、遗传学、田间试验与统计方法、植物病理学、昆虫学、农业生态学、植物生物技术、现代种子种苗学、现代农艺学、植物育种学等。

种子科学与技术专业主要课程:植物生理与生物化学、种子生理学、种子检验技术、种子生产技术、种子经营与管理学、应用概率统计、普通遗传学、田间试验设计、植物育种原理等。

应用生物科学专业主要课程:食品化学、食品营养学、食品微生物学、食品工程原理、食品工艺概论、食品分析、现代食品装备与自动化、食品工厂设计等。

设施农业科学与工程专业主要课程:材料力学、结构力学、水力学、土力学、环境生物学、作物栽培学、土壤学与肥料学、农业环境学、工程热力学与传热学、自动控制原理、设施农业工程、设施种植和养殖、设施农业环境控制、设施农业经营和管理等。

✣✣草业科学类

草业科学类只有草业科学 1 个专业。培养具备草坪、园林绿化、牧草栽培育种与加工、人工草地建植与管理、草地改良等方面的基本理论、基本知识和基本技能,能在农业以及其他相关的部门或单位从事草业生产与保护的技术与设计、推广与开发、经营与管理、教学与科研等工作的专业人才。

草业科学专业主要课程：普通植物学、植物分类学、植物生理学、普通生态学、土壤学、遗传学、田间试验设计与生物统计、草地调查与规划学、草地培育学、草地保护学、牧草及饲料作物栽培学、草类植物育种学、草产品加工学、牧草种子学、草业经济管理学和草坪学等。

森林资源类

森林资源类包括林学、森林资源保护与游憩和野生动物与自然保护区管理 3 个专业。培养具备森林培育、林木遗传育种、森林病虫鼠害防治与检疫、野生植物资源开发利用等方面的基本理论、基本知识和基本技能，能在林业、农业、环境保护等部门从事森林培育、森林资源保护、森林生态环境建设等工作的专业人才。

林学专业主要课程：森林植物学、植物生理学、植物营养学、林木遗传育种、生物技术、土壤肥料学、森林环境学、森林昆虫学、林木病理学、森林生态学、测量与遥感等。

森林资源保护与游憩专业主要课程：景观生态学、森林环境学、地质地貌学基础、旅游、公共关系学、狩猎学、保护生物学原理、有害生物防治学、遥感技术与地理信息系统、森林游憩等。

野生动物与自然保护区管理专业主要课程：森林资源经营管理、森林生态学、森林环境学、生物技术、动物学、野生动物组织解剖学、生物化学、动物遗传育种与繁

殖学、野生动物生理学等。

环境生态类

环境生态类包括园林、水土保持与荒漠化防治和农业资源与环境3个专业，培养具备环境生态的基本理论、基本知识和基本技能，能在农业、环境保护与工程、国土资源、水利水文与水土保持、林业与园林、测绘与规划等部门或单位从事技术与设计、教学与科研、推广与开发、经营与管理、咨询与服务等工作的专业人才。

园林专业主要课程：园林设计、园林工程、园林建筑设计、城市绿地系统规划、园林植物景观设计、园林树木学、园林花卉学、园林苗圃学、园林植物栽培养护等。

水土保持与荒漠化防治专业主要课程：森林生态学、测量与遥感技术、工程力学、土壤学、水力学、土壤侵蚀原理、水文与水资源学、工程制图、水土保持工程学、林业生态工程学、流域管理学、荒漠化防治工程学、牧草与草场管理学、水土流失与荒漠化监测等。

农业资源与环境专业主要课程：资源与环境概论、农业微生物学、土壤学及土壤地理学、植物营养学、土壤资源调查与制图、地质地貌学基础、试验设计与统计分析、土壤农化分析、土壤改良技术、肥料工艺学、环境质量评价等。

动物生产类

动物生产类包括动物科学、蚕学和蜂学3个专业。

培养具备动物遗传育种、动物繁殖、动物营养与饲料、动物生产与管理等基本理论和知识，能在畜牧业等部门从事农牧管理、畜牧研究与开发、畜牧养殖、营销与技术服务等工作的专业人才。

动物科学专业主要课程：动物组织解剖学、动物生理学、动物生物化学、动物遗传学、动物育种学、动物繁殖学、动物营养学、饲料学、饲料安全与营养价值评定、动物环境卫生与牧场设计、动物生产学、兽医学概论、畜牧业经济管理、动物饲养学（牛羊猪鸡及各种经济动物）等。

蚕学专业主要课程：蚕体解剖生理学、桑树栽培及育种学、桑树病虫害防治学、养蚕学、蚕病学、蚕种学、家蚕育种学、茧丝学、家蚕遗传学、蚕业经济及经营管理等。

蜂学专业主要课程：蜜蜂饲养管理学、蜜蜂育种学、蜜蜂保护学、蜜蜂机具学、蜜粉源植物学、蜂产品加工学、蜜蜂生物学、蜜蜂生理学、蜜蜂授粉学等。

✣✣动物医学类

动物医学类包括动物医学、动物药学、动植物检疫、实验动物学和中兽医学 5 个专业。重点研究动物疾病发生发展、动物疾病诊断和治疗、环境与动物保护、动物药物和生物制品生产和公共卫生防疫等，培养具备兽医医疗、兽医管理与执法、兽医技术服务、兽医教育与科研等基本理论和知识，可在相关部门从事动物医疗、执法监

督、管理、教学、科学研究、技术服务等工作的专业人才。

动物医学专业主要课程：动物解剖学、动物组织学与胚胎学、动物生理学、动物生物化学、兽医微生物学、兽医免疫学、兽医药理与毒物学、动物病理学、动物传染病学、兽医流行病学、兽医寄生虫学、兽医内科学、兽医临床诊断学、兽医外科学、兽医手术学、兽医产科学、中兽医学、动物性食品卫生学、兽医公共卫生学、实验动物学、动物福利与动物保护、兽医法规等。

动物药学专业主要课程：动物学、动物解剖学、动物组织与胚胎学、实验动物学、分子生物学、动物生物化学、动物生理学、动物药理学、动物毒理学、兽医微生物学、兽医免疫学、动物病理学、动物病原学、动物疾病学概论、物理化学、药物化学、药物分析、药物制剂学、中药制剂学、兽医生物制品学、兽医法规等。

动植物检疫专业主要课程：有机化学、分析化学、化学实验、普通化学、农药学基础、组织切片技术、植物生理学、生物化学、微生物学、植物病理学、昆虫学、动物病理学、动物卫生检验学、植物检验检疫、食品卫生检验技术等。

实验动物学专业主要课程：实验动物遗传育种学、实验动物微生物学和寄生虫学、实验动物营养学、实验动物饲养管理、实验动物医学、比较医学、动物实验等。

中兽医学专业主要课程：家畜解剖学及组织胚胎学、

中兽医基础理论、动物生理学、兽医针灸学、兽医中药学、兽医方剂学、兽医微生物学、动物传染病学、动物性食品卫生学、中药添加剂学等。

✣✣水产类

水产类包括水产养殖学、海洋渔业科学与技术、水族科学与技术和水生动物医学 4 个专业。培养具备海洋和淡水动植物育种与养殖、水产环境与设备、观赏性水族景观、水生动物医疗等方面的基本理论、基本知识和基本技能，能在相关生产、教育、科研、管理、企业等部门从事科学研究、教学、研发、经营、管理、推广、技术服务等工作的专业人才。

水产养殖学专业主要课程：鱼类增养殖学、甲壳动物增养殖学、水产动物育种学、水产动物营养与饲料、水产动物疾病防治、海藻与海藻栽培学、水环境化学等。

海洋渔业科学与技术专业主要课程：海洋学、海洋生物学、鱼类学、鱼类行为学、工程流体力学、渔具理论与设计学（或渔具力学）、渔具渔法学（或海洋渔业技术学）、渔业资源与渔场学、渔业资源评估与管理、渔业法规与渔政管理、渔业水域环境监测与评价等。

水族科学与技术专业主要课程：基础化学、有机化学、生物化学、动物学、鱼类学、水生生物学、观赏水族养殖学、水草栽培学、游钓渔业学、水族馆创意与设计、观赏水族营养与饲料学、观赏水族疾病防治学、水处理技术、景观生态学、管理学、休闲渔业经营学等。

水生动物医学专业主要课程：养殖水环境化学、水生动物生物学、水产动物病原生物学、水产药物学、水产动物病理学、水产动物免疫学、鱼病学、水产无脊椎动物疾病学、水产动物疾病诊断学、水产养殖学概论等。

▶▶怎样在农学专业学习？

高等农业教育是我国高等教育的重要组成部分，应切合我国农村经济的发展现状。农学专业是高等农林院校的传统专业，一直秉承着“厚基础、宽专业、强技能、重应用、能创新、高素质”的教育理念，致力于为国家实现乡村振兴战略提供一大批高水平的建设者和接班人。近年来，随着中国农业的快速发展，现代新兴农业和“新农科”建设对农学专业的人才培养提出了新要求，即从单学科割裂独立发展向多学科交叉融合发展转变，从偏重服务产业经济向促进学生全面发展转变。那么，当代大学生又该如何学好农学专业呢？

➡➡提高自主学习能力

与高中阶段相比，大学是一个相对自由的环境，学生摆脱了“以教为主”的学习模式，更多的是依靠发挥自我学习潜能。而当今很多大学生却不知如何利用大学阶段充裕的时间和丰富的资源去充实并提高自己，部分同学因学习方式和方法的改变而难以适应，逐渐失去学习的信心；部分同学因从未接触过农业，对该专业并不了解，在学习中感到困惑迷茫；还有少部分同学为非第一志愿录取，对农学专业缺乏信心和兴趣，这使得更多在校生的学习标准降为考试及格和毕业。

自主学习能力的高低对大学生在校期间能否取得理想的学习成绩以及在未来能否获得满意的发展起着决定性的作用，是影响大学生当前以及未来发展尤为核心的竞争力，更是保持终身学习的基础能力。学生自主学习能力主要表现在：学习活动之前，能自主确定学习目标，制订学习计划，做好具体的学习准备；学习活动之中，能把握并自我反馈和自我调节学习进展、学习方法；学习活动之后，能自我检查、自我总结、自我评价和自我补救学习结果。大学四年对于每一位学生的成长与成才都起着至关重要的作用，在步入大学这个全新的环境后，每一位同学都需要重新定位自己，制订大学四年的学习计划，提高自主学习能力。对于农学专业学生来说，在大学一年级，要做到逐步适应大学生活，确立大学四年的奋斗目标，在把外语等基础课学扎实的基础上，可以到图书馆博览群书，也可以参加精品社团活动，提高自己的综合素质；在大学二年级，要开始有计划地准备大学英语四、六级和计算机等级考试，学好专业基础课，接触专业知识，有意识地主动联系专业课教师，尽早进入实验室接触科

学研究等工作，逐步加深对专业的了解；在大学三年级，要系统学习专业知识，与指导教师沟通，开展毕业论文的实验研究工作，同时做好下一步规划，准备考研的同学要开始为选择报考方向和报考学校等开展前期调研工作，准备参加工作的同学要为顺利找到称心的工作而不断“充电”；在大学四年级，要完成毕业论文的撰写，保证顺利通过毕业答辩，这一年也是考研和找工作最关键的时期，是整个大学的谢幕阶段，需要付出辛勤的劳动才能收获成功。大学四年的每一个阶段都有应该完成的事情，而且环环相扣，因此在大学入学初期就要树立目标，并坚持自主学习，不荒废、不虚度、不迷茫。

➡➡培养专业兴趣

学习兴趣是学生学习的最主要动力，美国教育家布鲁姆说过：“学习的最大动力乃是对所学材料的兴趣。”我国古代教育家孔子也说过：“知之者不如好之者，好之者不如乐之者。”学生只有对学习感兴趣，才能把内心活动指向并集中在学习上，使思维活跃、注意力集中、观察敏锐、记忆持久，强化学习的内在驱动力，充分调动学习的积极性。

从广义上看，农学作为一个大的学科门类，还存在很多个一级专业类，包括植物生产类、草业科学类、森林资源类、环境生态类、动物生产类、动物医学类和水产类等，对于喜爱植物和动物的同学，可以把喜好和专业的选择结合起来，让兴趣成为最好的导师。农学专业虽然也有“汗滴禾下土”的辛苦，但更有“喜看稻菽千重浪”的欢悦和亲近大自然的美好。我国自古以来就是一个农业大国，农业始终是我国国民经济的命脉，没有农业现代化就没有国家现代化，在实现中华民族伟大复兴的征程上，农学专业也必将大有可为。

学生可以选择就读作物学、园艺学、农业资源与环境、植物保护、畜牧学、兽医学等农学类专业，也可以选择农业经济管理、农业电气化、智慧农业、农业机械与工程等农学类专业。在就业上，可以根据自己的专业，选择自主创业，或者到企业应聘，进入花木公司、林业局、动物检疫部门、外贸进出口企业、工商管理部门、大型养殖企业等，收入都相当可观；如果想要在农业领域取得进一步的发展，可以选择考研或出国留学，继续深造，从事农业教育和农业科研事业。概括而言，学习农学的未来，可以是农业科学家、涉农高校教师、农业管理者和农业经营者。由此可见，培养专业兴趣要从了解专业开始，不可因盲目否定自己的专业而失去学习的动力和努力的目标。

➡➡夯实理论基础

✣✣基础理论课

在具体课程上，农学专业首先需要接受完整的基础理论课程，包括马克思主义基本原理概论、大学英语、高等数学、大学物理、有机化学等。基础理论课对每位同学

都具有重要意义，不仅能为学习各门专业课程和将来从事科学技术工作奠定坚实的理论基础，还能培养学生分析和解决科学技术中的理论问题与实际问题的能力。那么，如何在短短的一年内快速掌握大学阶段的基础理论课程呢？

首先，要从自身实际出发，保证在原有基础上前进。与高中阶段不同，大学中的同学来自全国各地，曾经受教育的环境存在较大差异，学习成绩参差不齐，同学们一定要正视并正确对待这种差异，从各自的实际情况出发，按照学校规定的课程计划，在任课教师的指导下，扎扎实实学好基础理论课程，力争在原来的基础上有较大的进步，以减轻精神压力和学习负担。

其次，要注重和加强基本功的训练。无论是学习基础理论知识，还是培养分析问题和解决问题的能力，基本功都非常重要，而当前并不是所有同学都重视基础，都能认识到加强基本功训练的重要性，"好高骛远"和"眼高手低"的学生大有人在。加强基本功训练要从注重基本概念、基本理论和基本方法入手，深刻领会基本概念和基本理论，不能只满足于字面上的理解，要掌握其深刻的内在本质，通过复习、思考、做题等环节反复加深对概念和理论的认识，追求"磨刀不误砍柴工"的精神，扎扎实实练好基本功。

最后，要加强基础理论学习阶段的理论分析和逻辑推理能力。从中学到大学，同学们的学习内容、学习环境和学习方式都发生了变化，而不少同学采用的依然是中学的学习方法。这种方法的一个特点就是“套”，即“套公式”“套概念”“以题套题”，套上了问题就“解决了”，套不上便束手无策。所以，同学们一定要舍弃“套”的方法，养成分析的习惯，通过分析研究对象的状态和条件，确定问题的性质，最终找到解决问题的方法。

专业基础课

专业基础课以基础理论课为基础，又是专业课的基础，在基础理论课和专业课之间起纽带作用。专业基础课的内容与专业课有着密切的联系，是专业课中技术、技能的理论依据。专业基础课学不好，专业课就很难学好，即使勉强学点技术，也是支离破碎，不能融会贯通，也不能适应农业科学技术的发展。因此，学生在专业基础课的学习过程中一定不能主观地去判断各门课程的重要程度，选择性地去学习，每一门专业基础课都有其存在的意义，都需要牢牢掌握，这样在以后学习专业课或遇到具体问题时才能将知识综合在一起，创造性地应用。农学专业的专业基础课一般包括农学概论、植物生理学、农业气象学、动物生物化学、动物组织与胚胎学等。

专业课

专业课的根本目的在于提高学生综合运用所学知识的能力，同时也强调理论的实用价值，其学习的最终目的

在于应用，指导实践。专业理论一般是内在的、本质的、抽象的规律，其内涵较深，因此大多数专业课都会设置相应的实验课程，例如，植物细胞肉眼看不到，如果不直接观察，这一部分内容不可能学好，所以就要借助显微镜去观察，眼见为实，不仅学到了知识，还学会了使用显微镜的技能。农学专业的专业课一般包括作物育种学、耕作学、蔬菜学、农产品贮藏加工学、动物药理学、动物病理学等。

➡➡加强实践创新

实践课程是根据专业培养目标的要求，有计划地组织学生以获取感性知识、进行基本技能训练、增强实践能力、培养综合素质、提高独立工作能力和科研实际操作能力为目的的各种课程形式的统称。实践课程是对理论课程的验证、补充和拓展，旨在培养、训练学生的操作能力和创新能力。农学专业的学科理论对象是有生命的有机体，其学科理论主要来源于农业生产实践经验的总结，具有很强的实践性，因此，实践课程（图 11）是农学专业人才培养的重要环节，对于提高农学专业本科生的实践创新能力，提升学生的综合素质具有特殊的作用。

图 11　实践课程

对于农学专业实践课程的内容，不同的学者有不同的观点。普遍认为农学专业实践课程主要包括课程实验、课程实习、生产实习、课程论文、科研训练项目、毕业论文（设计）、社会实践、农事认识、专业劳动、公益劳动、军训及其他活动共 12 项，其中前 6 项侧重专业实践能力的培养，后 6 项侧重通用实践能力的培养，它们共同构成有机统一、相互联系的实践课程体系。总体来说，农学专业实践课程主要包括课程实验、课程实习、专业综合实习、科研技能训练、毕业实习和毕业论文（设计）6 类。

课程实验

除植物学、遗传学、生物化学等专业基础课外，作物栽培学、种子学、动物药理学等专业主要课程都会增加课程实验的学时数，强化实验操作能力的培养。农学专业基础课和专业课实验分课内实验和独立实验两种，前者与理论课一起构成一门课程的教学内容，后者为独立设置的实验课程，实验分演示性、验证性、操作性、设计性、综合性和创新性实验等多种类型。课程实验的目的在于让学生通过实验来验证和掌握理论及技术原理，了解专业常见的仪器和设备，培养专业所需的实验动手操作技能，以便掌握专业基本实验技能和方法，培养学生的研究能力和创新能力，使学生具有相当的科学素养、创新思维和解决问题的能力。

❖❖课程实习

课程实习是在一门课程结束时进行的有针对性地参观、考察或亲身参与与课程相关的具体生产实践活动。其主要目的是将所学的理论和技术与生产实践更好地联系起来，将所学的专业知识与技术技能系统地应用于生产实践中，加深对所学理论知识与技能的掌握，进一步培养学生运用课程知识解决实际问题的能力，同时能够在实习实践中有所提高、有所发现、有所创新。例如，教师在专业课程结束时，有计划地组织学生到学校实习基地的食用菌场、种猪场、渔场和果园进行季节性的专项实习，让学生真正学到专业技术，培养了学生勤于钻研的优良品质，同时也锻炼了学生的意志，取得了良好的效果。

❖❖专业综合实习

专业综合实习是农业科技人员实践培养过程中的核心环节，着力培养学生的专业基础知识和实践应用技能，使学生在短期实习实训中提高动手能力，提高学生发现问题、分析问题和解决问题的能力。实践教学效果直接决定了农业科技人员的工作能力和水平，反映了农业科技人员在今后工作中是否能适应当地农业生产和发展的需要。例如，畜牧专业的学生在大学三年级第一学期会到地方的养鸡场、肉牛场、种猪场等地实习，直接参与每一个生产环节，达到学以致用的目的。

❖❖科研技能训练

科研技能训练是为农学本科生中对科学研究感兴

趣、有学术培养潜力的学生开设的。采用导师制，根据课题要求，招募和遴选动手能力较强、对科学研究感兴趣的学生，利用课余时间，进行科技制作和科研活动。实验场地为校内及校外科研实践基地。实践证明，这是一种可以充分利用学生课余时间来发挥学生个性特长、培养学生科研兴趣爱好、增强其科研素质和能力的实践活动。

毕业实习

毕业实习是指学生在学完全部课程之后至毕业前，在校内外教师和实习单位(企事业单位)管理人员的指导下，作为员工的角色，参与实习单位一定的实际工作，综合运用自己全部专业知识进行日常工作训练，解决专业技术问题，以获得实际工作知识和技能，培养独立工作的能力和职业素养。毕业实习的目的是使学生了解社会，接触生产实际，增强独立工作能力和团体协作能力，培养专业素质和责任感，为将来走上专业岗位打下基础。

毕业论文(设计)

学生需要在毕业前通过设计、制作、写作、提交和答辩来完成自己的毕业论文。毕业论文旨在培养学生理论联系实际、利用所学知识和技能创新解决理论和实际问题的能力、严肃认真的科学态度和学术研究能力。毕业论文是对四年本科学习中掌握的知识和能力的集中检验，也是学生创新能力的综合体现。

▶▶农学的杰出人物

我们的祖先从大约一万年前开始驯化动植物,开始了原始的农业——种植业和养殖业。在漫长的历史长河中,从最初的“刀耕火种”到建立在现代科学技术革命基础上的现代农业,从孟德尔豌豆杂交实验到基因设计育种,无不倾注了历代农学科学家的智慧和汗水。现简要介绍13位有突出贡献的国内外农学科学家。从这些科学家的经历与成就,可以看到农学和农学人未来的美好愿景。

➡➡植物分类学奠基人——林耐

卡尔·冯·林耐(1707—1778),瑞典博物学家。林耐以生物能否运动把生物分成动物界和植物界,创立动植物双名命名法,依据雄蕊和雌蕊的类型、大小、数量及相互排列等特征,将植物分为24纲、116目、1 000多个属和10 000多个种,纲、目、属、种的分类概念是林耐首创的。双名命名法统一用拉丁文定植物学名。植物的学名由两部分组成,前者为属名,要求用名词;后者为种名,要求用形容词,在学名后附加该种植物的命名人的名字(或命名人名字的缩写)。林耐是近代植物分类学的奠基人,这一伟大成就使林耐成为18世纪最杰出的科学家之一。

➡➡现代遗传学之父——孟德尔

格雷戈尔·约翰·孟德尔(1822—1884),奥地利遗传学家。1865年发表《植物杂交试验》,通过豌豆实验提出了“遗传单位”(今天所说的“遗传基因”)的概念,发现了遗传学两大基本定律,即基因分离定律和基因自由组合定律,后者亦被称为独立分配定律。孟德尔的基因分离定律和基因自由组合定律是遗传学中最基本、最重要的定律,后来发现的许多遗传学定律都是在此基础上产生并建立起来的,他被誉为“现代遗传学之父”。

➡➡现代基因理论创立者——摩尔根

托马斯·亨特·摩尔根(1866—1945),美国实验胚胎学家、遗传学家。摩尔根毕生从事胚胎学和遗传学研究,在孟德尔遗传学定律的基础上,创立现代遗传学的“基因理论”。利用果蝇进行遗传学研究,发现了染色体是基因的载体,确立了伴性遗传规律;发现位于同一染色体上的基因之间的连锁、交换和不分开等现象,建立了遗传学的第三定律——基因连锁交换定律。把 400 多种突变基因定位在染色体上,制成染色体图谱,即基因的连锁图。发现了染色体的遗传机制,创立染色体遗传理论,是现代实验生物学的奠基人。著作主要有《进化与适应》《实验胚胎学》《胚胎学与遗传学》《基因论》等,1933 年获诺贝尔生理学或医学奖。

➡➡揭秘 DNA 双螺旋结构——沃森和克里克

詹姆斯·杜威·沃森(1928—),美国分子生物学家、遗传学家。弗朗西斯·哈利·康普顿·克里克(1916—2004),英国生物学家、物理学家、神经科学家。1953 年,

沃森和克里克发现DNA双螺旋结构(包括中心法则)。1962年，沃森、克里克与莫里斯·威尔金斯(1916—2004)三人共获诺贝尔生理学或医学奖。DNA双螺旋结构的发现是20世纪最重大的科学发现之一，和相对论、量子力学一起被誉为20世纪最重要的三大科学发现，标志着分子遗传学的诞生。作为现代生命科学和基因组科学的权威，沃森等人成功实施了“生命登月”工程——人类基因组计划，人类第一次拥有了自己的基因图谱。

➡➡进化论的奠基者——达尔文

查理·罗伯特·达尔文(1809—1882)，英国博物学家、进化论的奠基者。曾经乘坐“贝格尔”号进行历时五年的环球航行，对动植物和地质结构等进行了大量的观察和采集，于1859年出版《物种起源》。达尔文揭示出各种生物之间的亲缘关系，提出了以自然选择理论为核心的进化论，认为在“为了生存斗争”中，具有有利变异的个体被选择保留下来，发生不利变异的个体被淘汰，经过一代代的自然环境的选择作用，适应的变异逐渐积累，导致新物种的形成。栖居在地球各地的一切生物，都是从一个或几个原始类型进化衍生出来的，演化造成生物多样性。恩格斯将“进化论”列为19世纪自然科学的三大发现(另外两个是细胞学说、能量守恒和转换定律)之一。

➡➡中国现代稻作科学奠基人——丁颖

丁颖(1888—1964)，中国现代稻作科学奠基人，1924

年毕业于日本东京帝国大学(今东京大学)农学部。曾任中国农业科学院院长,1955年被选聘为中国科学院学部委员(院士)。他运用生态学观点对稻种的起源、演变、分类、稻作区域划分、农家品种系统选育以及栽培技术等进行了较系统的研究,将中国稻作区域划分为地域分明、种性清楚的6个稻作带,并指出温度是决定稻作分布的最主要生态因子指标,对指导生产有重要作用。在国际上首次将野生稻抗御恶劣环境的种质转育到栽培稻种中,育成的"中山1号"在生产上应用达半个世纪之久,选育水稻优良品种60多个,创立了水稻品种多型性理论,为品种选育、良种繁育和品种提纯复壮工作奠定了理论基础。

➡➡中国现代农业昆虫学科创始人——杨惟义

杨惟义(1897—1972),中国现代农业昆虫学科创始人,1921年毕业于南京高等师范学校(今南京大学)。曾任江西农学院(今江西农业大学)院长,1955年被选聘为中国科学院学部委员(院士)。他首先提出了中国昆虫区系分布的地理区划意见,在半翅目分类上做出了突出的贡献。他在水稻螟虫和仓储害虫的防治研究上也有突出贡献。杨惟义曾在英、法、德等国的博物馆专门研究半翅目昆虫的分类和昆虫区系分布,在昆虫分类方面,发现了60余个新种和新属,对中国半翅目昆虫的研究做出了重要贡献。首倡的"三耕治螟"法、红花田留种改革措施、粮

食仓库害虫防治法等，都对农业生产的发展起了促进和指导作用。主要著作有《中国害稻蝽象的考查》《水稻害虫的全面防治》《新疆昆虫考察报告》等。

➡➡中国土壤学学科创始人——李连捷

李连捷(1908—1992)，中国土壤学学科创始人，1944年在美国伊利诺伊大学农学院获博士学位。发起并成立了中国土壤学会，当选为第一届理事会理事长，1955年被选聘为中国科学院学部委员(院士)。在土壤分类学、土壤地理学、地貌学和第四纪地质学方面的科研、教学成绩卓著，在土壤微形态、农业遥感方面有开拓性建树。首次提出土壤分类的自型土纲、水型土纲和复成土纲。半个多世纪，一直从事野外考察工作，对我国土地资源的区划评价和合理开发利用、盐碱地的治理等提供了大量的基础性资料和建设性意见。

➡➡中国现代小麦科学奠基人——金善宝

金善宝(1895—1997)，中国现代小麦科学奠基人，1932年毕业于美国明尼苏达大学，曾任南京农学院(今南京农业大学)院长，1955年被选聘为中国科学院学部委员(院士)。金善宝一生潜心致力于小麦科学研究，提出小麦异地加代繁育的设想，一年可繁育三代，成为中国小麦育种工作的里程碑，“南繁北育”成为农业科技界广泛应用的术语和育种方法。金善宝选育的“南大2419”小麦良种，不仅是我国当时种植面积最大的良种，还是30多年来我国小麦杂交育种中最主要的亲本之一。主要著作有《中国小麦栽培学》《中国小麦品种志》《中国小麦品种及其系谱》《中国农业百科全书·农作物卷》等。

➡➡中国近代林业开拓者之一——郑万钧

郑万钧(1904—1983),中国近代林业开拓者之一,1939 年获法国图卢兹大学博士学位,曾任中国林业科学院院长,1955 年被选聘为中国科学院学部委员(院士)。他用动态的观点研究森林生态、林木生理、树木生长及林业经济指标,提出科学经营林业技术措施与管理方法;倡导实验森林地理学,根据树木外部形态特征及地理分布鉴别树种,研究其树种的环境条件、生活习性、适应性能和利用价值;根据主要经济树种在不同地区、不同海拔成片栽植,研究其生长发育规律,创立了实验树木学。组织编写了《中国树木志》等重要学术专著,发现和命名了约 100 个树木新种和 3 个新属。1948 年与胡先骕先生联合发表活化石——水杉,被世界植物学界誉为近一个世纪以来最大的科学贡献之一。

➡➡中国超级稻之父——杨守仁

杨守仁(1912—2005),中国超级稻之父,1951 年在美国威斯康星大学获得博士学位,1998 年荣获何梁何利基金科学与技术进步奖。杨守仁教授是全面科学地阐明我国悠久的传统经验而又有所创新的著名水稻科学家。他曾用第一代 IBM 进行博士论文的研究,还发明了"田间试

验区估算的新方法”，人称“杨氏公式”，至今仍在美国应用。他是东北三省水稻生产的积极宣传者和倡导者，是我国水稻高产栽培理论体系的始创者，经过多年的不懈努力，将水稻高产栽培理论研究提高到一个新水平。他是籼粳稻杂交育种、水稻理想株型育种、水稻超高产育种领域的开拓者，提出了直立大穗型超高产株型模式，建立了粳型超级稻育种理论与技术体系。主要著作有《作物栽培学》《中国水稻栽培学》《水稻高产栽培与高产育种论丛》等。

➡➡中国杂交水稻之父——袁隆平

袁隆平（1930—2021），中国杂交水稻之父，1953 年毕业于西南农学院（今西南大学），1995 年被选聘为中国工程院院士，1981 年和 2013 年两次获得国家技术发明奖特等奖，2019 年获得“共和国勋章”，2000 年获得国家最高科学技术奖。袁隆平在中国率先开展水稻杂种优势的利用研究，解决了三系法杂交稻研究中的三大难题；提出了杂交水稻的育种发展战略，即方法上由三系到两系再到一系，杂种优势水平上由品种间到亚种间再到远缘杂种优势利用；解决了两系法中的一些关键技术难题，使两系法杂交水稻研究最终取得成功并获推广应用；设计出了以高冠层、矮穗层和中大穗为特征的超级杂交稻株型模型，并在超级杂交稻育种方面连续取得重大进展，屡创超级杂交稻亩产高产纪录。

农技:改变世界的力量

等闲识得东风面,万紫千红总是春。

——朱熹

▶▶从微观到宏观

农学的世界观可以纵览宇宙万物,从分子到细胞,从细胞到个体,从个体到群落,从群落到系统,从系统到世界。

➡➡DNA 双螺旋结构的发现

说到 DNA 双螺旋结构的发现,就不得不提到沃森、克里克、威尔金斯以及富兰克林。1951 年,沃森在剑桥大学工作期间,遇到了比他年长 12 岁的克里克,他们一见如故,都对 DNA 的分子结构十分感兴趣,于是组成小组进行研究。此时剑桥大学一直从事 DNA 分子结构研究的科学家威尔金斯团队纳入了天赋异禀的女科学家富兰克林。那个时期对女性的歧视,导致威尔金斯对富兰克林的研究成果不屑一顾,于是,威尔金斯就将富兰克林通

过 X-射线衍射分析获得的、清晰的、尚未发表的 DNA 衍射照片(著名的 51 号照片)拿给了沃森和克里克看。在看到 51 号照片之后，沃森突发灵感，决定也用这种方法对 DNA 的结构进行研究。于是，他从 1951 年开始设计模型，多次尝试之后于 1953 年3 月获得正确的 DNA 双螺旋结构模型。1953 年 4 月 25 日，*Nature* 上同时发表的三篇文章分别属于沃森和克里克、威尔金斯以及富兰克林。沃森和克里克也承认富兰克林未发表的 51 号照片给予他们极大的启发。1962 年，富兰克林英年早逝，沃森、克里克以及威尔金斯三人因发现了 DNA 双螺旋结构而获得诺贝尔生理学或医学奖。

➡➡达尔文与物种进化

物种的进化是一个复杂的过程，达尔文根据 20 多年对古生物学、生物地理学、形态学、胚胎学和分类学等领域的大量研究，在 1859 年出版的《物种起源》一书中提出了“物竞天择，适者生存”的观点。他指出物种是可变的，生物是进化的，自然选择是生物进化的动力。核心逻辑是生物为了物种的延续，存在繁殖过剩的情况，如一粒玉米种子播种后秋天可以收获几百粒种子，一条大麻哈鱼一生可产卵 4 000～6 000 枚。在这种情况下，由于受资源和空间的限制，同一生物种群中存在巨大的竞争压力，而由于种群内个体间存在一定程度的遗传变异，即个体间存在差异性，适合当前环境生存的个体可以存活下来，并随着变异的不断累积，可能形成新的物种。例如，在鹿群中，最初包含不同颈长的鹿，多样性丰富，但是只有长颈鹿能吃到树上的叶子，即只有长颈鹿能适应环境生存下来，慢慢地短颈鹿就被淘汰，长颈的性状被累积下来。

在《物种起源》一书即将出版之际，达尔文收到了英国博物学家华莱士寄给他的名为《论变种无限地偏离原始类型的倾向》的论文。该论文内容居然与《物种起源》的理论不谋而合，而华莱士的研究仅仅用了几年时间，由此可见年轻的华莱士未来潜力无限。在这种情况下，达尔文一度想让华莱士单独发表该论文，而将自己近 20 年的研究成果深藏起来，在好友们的多方劝阻下，才最终决定与华莱士共同发表。达尔文这种对后辈才华的认可与爱惜展现出了一位大师的高风亮节。1882 年 4 月 19 日，影响世界科学历史的一代巨匠达尔文与世长辞，葬于威斯敏斯特大教堂牛顿墓旁。

➡➡农业生态系统与生物多样性

人类能在地球上生存，主要依赖于地球提供的空气、水和土壤，我们在此基础上开展农业活动，种植粮食，饲养牲畜，而这一系列的活动所涉及的所有因素总称为农业生态系统。具体来说，农业生态系统是指农业生物种群与农业生态环境构成的生态整体。简单来说，就是指以人类从事农业活动为主体的生态系统，其中包括农田

生态系统、草原放牧生态系统、森林生态系统以及水域生态系统等。要保证农业生态系统的稳定和可持续发展，系统内生物的多样性是必不可少的。生物多样性有助于应对不断变化的、多种多样的生态系统带来的挑战，有助于减轻由于环境逆境、气候变化等带来的影响。

发展农业活动是一把“双刃剑”，在某些方面可以保护和可持续利用生物多样性，但过度的农业活动也会导致生物多样性的丧失。因此，我们不能一味地追求短时间内的高产，不计代价地施用化肥和农药，否则最终的后果就是土壤养分丧失，农田河流严重污染，可持续发展的能力大大降低。我们要做的是首先了解农业生态系统运作的基本规律，在保证系统内生物多样性的基础上，积极发展农业活动，让农业生态系统达到一个高效、可持续、与农业生产互利双赢的状态。习近平总书记在2020年7月考察吉林的时候强调：“采取有效措施切实把黑土地这个‘耕地中的大熊猫’保护好、利用好，使之永远造福人民。”其深意亦在于此。

农业生态系统的平衡一旦出现问题，后果将极其严重。澳大利亚的“兔灾”就是一个典型的例子。兔子不是澳大利亚土生的动物，在1859年之前澳大利亚是没有兔子的。然而，一位农民觉得兔子可爱，就从英格兰带回了两只。由于兔子在澳大利亚没有天敌，所以就开始疯狂地繁殖，对农业生产造成了巨大的影响，它们吃庄稼、吃刚播下的种子、啃树皮，还打地洞破坏田地与河堤，这让澳大利亚农民遭受了巨大的损失。直到1950年，澳大利亚引进了一种可以杀死兔子的病毒，通过蚊子作为介质进行传播，才消灭了大部分的兔子。

人类活动产生的全球气候变化对农业生态系统的影响也是十分显著的，就像打开了潘多拉魔盒，给人类带来了一系列的灾难。过去30年间，北极冰盖收缩了15%～20%，海平面上升了将近10厘米，多地出现洪灾、旱灾、火灾以及各种极端天气。不仅如此，全球气候变暖对植物的生长发育、对土壤的养分含量、对畜牧业以及农业病虫害都造成了严重的影响。过高的二氧化碳含量可能降低农作物蛋白质含量，从而导致品质下降，过高的温度也会加快土壤有机质的消耗从而导致肥力降低。2019年侵袭我国大部分地区的草地贪夜蛾灾害，起因就是湄公河地区气候条件变化，温度升高，使草地贪夜蛾大量繁殖并迁移到我国，打破了我国农业生态平衡状态，对各类作物都造成了巨大的影响。还有，南极温度升高，大量冰川融化，影响了企鹅主要食物磷虾的繁殖，造成企鹅大量死亡。归根结底，都是由于生态平衡被打破导致一系列的连锁反应，最终造成严重的后果。

2015年12月12日，全球气候峰会通过了应对全球气候变暖的《巴黎协定》，实施了5年，直到2020年才稍有改善。2021年，我国两会提出了应对全球气候变化的

措施，二氧化碳排放量力争于 2030 年前达到峰值，努力争取于 2060 年前实现碳中和的目标。

▶▶什么是转基因？

基因支持着生命的构造和命运，储存着生命的信息，与环境和遗传互相依赖，演绎着生命繁衍的重要过程。

➡➡基因的发现

基因一词是由英文“gene”音译而来的，简单来说，基因就是 DNA 上的一个包含遗传信息、具有遗传效应的小片段，每个生物体都具有成千上万个基因，分别行使不同的功能，人类有一万九千至两万两千个基因。

基因的发现要追溯到 19 世纪 60 年代，一位奥地利神父在修道院后面的园子里种植豌豆的过程中，发现豌豆的形状和颜色等性状可以有规律地遗传给下一代。他对这个现象进行了多年的研究，并且发表了论文，提出生物的遗传单位是遗传因子的理论，这个遗传因子就是我们现在所说的基因，他还提出了著名的基因分离定律和基因自由组合定律，这位神父就是“现代遗传学之父”孟德尔。基因一词由丹麦学者约翰森在 1909 年正式提出，定义为符合孟德尔遗传定律的可以控制性状的遗传因子。1910 年，美国遗传学家摩尔根通过对果蝇的眼睛颜色以及翅的长短进行的杂交实验发现基因连锁交换定律，与孟德尔的基因分离定律和基因自由组合定律合称为“遗传学三定律”。

➡➡转基因现状

转基因一词是20世纪80年代我国自主命名的一个词，意思就是把一个物种的基因，通过分子生物学技术，转到另一个物种内的过程。但是在美国，这一术语为GMO(Genetically Modified Organism)，也就是基因修饰有机体。根据国际农业生物技术应用服务组织于2019年9月发布的《2018年全球生物技术/转基因作物商业化发展态势》报告，当年全球有26个国家和地区种植转基因作物，种植面积超1.9亿公顷，其中美国、巴西、阿根廷、加拿大和印度几个国家种植面积超过全世界种植面积的90%。在农业领域，全世界转基因物种超过200种，其中包括大豆、玉米、棉花、油菜、水稻和小麦等主要农作物以及蔬菜、瓜果、牧草、花卉和林木等植物。

转基因技术最先应用于医药领域，1982年美国Lilly公司重组了世界上第一个转基因大肠杆菌用于生产胰岛素，最后逐渐应用于生产疫苗以及干扰素等药物，可以大大降低成本。目前已经商业化的通过转基因技术生产的疫苗有乙肝疫苗、百日咳疫苗、狂犬病疫苗、轮状病毒疫苗以及口蹄疫病毒疫苗等。

国际上主要应用的两个基因为抗虫基因(Bt基因)以及抗除草剂基因(Epsps基因)。Bt基因的发现要追溯到1911年，时任面粉厂厂长的德国人恩斯特·贝尔林纳，在

面粉厂内发现并分离出了一种可以侵蚀幼虫肠道的细菌,由于细菌是在德国苏云金发现的,便命名为苏云金芽孢杆菌。1956 年,科学家安格斯发现苏云金芽孢杆菌中的具有毒性的部分是细菌中的伴孢晶体蛋白,于是将其起名为 Bt 蛋白。Bt 蛋白在伴孢晶体内是以原毒素的形式存在的,此时无活性,当被鳞翅目昆虫摄食之后,这些蛋白质会与昆虫中肠上皮细胞特异性受体结合,引起肠道穿孔,致使昆虫幼虫停止进食而最终死亡。1988 年,孟山都公司将控制 Bt 蛋白合成的 Bt 基因转入棉花中,获得第一批转基因抗虫棉并以超乎想象的速度推广到全球。

Epsps 基因的发现源自这样一个经历。孟山都公司早年在研究农药的过程中,合成了成百上千种的化合物进行除草测试,在测试过程中发现了一个在喷洒之后可将杂草和栽培作物全部杀死的灭生性化合物,于是将这种化合物命名为草甘膦,俗称农达,并将其大力推广到市场。虽然草甘膦的除草效果好,但是它具有灭生性的特性,施用过程中只能针对杂草定向喷施,必须人工操作,较为费力。于是,孟山都公司将生物技术引入草甘膦项目,提出将草甘膦与生物技术结合,找到抗草甘膦基因,转化到栽培作物中,这样就可以采用机器喷洒而避免其对栽培作物产生伤害,在更大程度上提高草甘膦的利用效率。在此之后的 10 年间,整个生物技术部门全部投入该项研究之中，在实验室中创制各种突变体材料，但是都无法找到针对草甘膦的耐受基因。偶然间，一名技术人员在草甘膦生产工厂附近散步，发现污水排放口附近一个区域的细菌生长极其旺盛，便将这个区域的土壤样本带回实验室分析。正是在这批样本中，技术人员发现了一种对草甘膦具有极强抗性的细菌，并通过分子生物学手段挖掘到了细菌中针对草甘膦具有靶向抗性的 Epsps 基因，随后将其转入大豆、棉花以及玉米中，这些作物获得了很好的草甘膦抗性，借此，孟山都公司的抗草甘膦转基因作物和草甘膦的联合利用席卷了美国，美国进入了“无草时代”，孟山都公司也进入了发展的“黄金时代”。

目前，我国拥有政府批准的转基因生产应用安全证书的物种主要包括转基因抗虫棉、抗病番木瓜、抗虫水稻、转植酸酶玉米、抗虫玉米、耐除草剂玉米及耐除草剂大豆等。除此之外，转基因大豆、玉米、油菜、棉花、甜菜及番木瓜等作物具备转基因进口安全证书，可以从国外进口，但是进口的转基因农作物只允许利用，不允许种植。由此可见，我国对转基因相关产品的监管十分严格。目前，我国已有针对转基因研究、试验、生产、加工、经营、进口许可及产品标识等环节全流程的监管体系，并且具有相应的法律法规以及技术规程，保证转基因作物研究与生产的规范化。与此同时，我国按照农业转基因生物用途，实行分类别安全评价管理。用于生产应用的农业

转基因生物，一般需要通过实验研究、中间试验、环境释放、生产性试验及申请安全证书5个阶段的严格评价，才可能获得生产应用的农业转基因生物安全证书。如果在任何一个阶段发现了食用或环境安全性问题，都将终止研发，不允许进入市场。

▶▶光合驱动的物质生产世界

“近水楼台先得月，向阳花木易为春。”“等闲识得东风面，万紫千红总是春。”在你感叹古人多彩的文韵和敏锐的观察力的时候，有没有想到向阳的花木为什么会摇曳多姿？距离我们约1.5亿公里的太阳通过怎样的方式“养活”地球？

➡➡光合作用的发现

万物生长靠太阳，光合作用就是其中的秘密。光合作用就在我们身边，与我们休戚相关，人类及动物赖以生存的氧气、食物、能源等都与光合作用紧密联系，然而光合作用的发现却经历了漫长的历史。

古时，人们一直在思考为什么小种子能长成参天大树。古希腊哲学家亚里士多德认为，植物生长所需的物质完全依赖于土壤。在很长一段时间里，人们都认为土壤中的物质是植物生长的来源，然而，这样的想法被一个实验推翻了。

17世纪初，一位荷兰科学家范·埃尔蒙对此产生了怀疑，于是他设计了盆栽柳树称重的实验，他用一个称过重量的盛有土壤的木桶，栽种上杨柳，每天只浇水而不加其他的物质，过了一段时间，杨柳长大了，他再称土壤的重量，发现土壤的重量只是轻了很少一些，于是他得出结论，植物增加的重量不是来自土壤而是来自水。从实验结果来看，他的结论具有一定的道理，但还不是完全准确。

1771年，英国化学家普里斯特利进行密闭钟罩实验。他发现在密闭钟罩内放入植物，蜡烛就不会熄灭，老鼠也不会窒息而亡。于是他提出植物可以“净化”空气，然而他不能总是成功地重复实验，说明植物并不能总使空气得到“净化”。而后，荷兰人英恩豪斯在普里斯特利研究的基础上进行了多次实验，发现普里斯特利的实验不能多次重复的原因是他忽略了光的作用，植物只有在光下才能“净化”空气。这样的发现将光和植物绿色部分与气体成分的改变联系了起来。

1782年，瑞士人谢尼伯发现，在阳光下绿色植物吸收二氧化碳，经过自身的加工制造出氧气。1804年，瑞士人赛逊尔通过实验证明，植物所产生的有机物和所放出的氧气总量比消耗的二氧化碳多，进而证实光合作用还有水参与反应，并归纳出一个反应公式：

$$\text{空气}+\text{水}\xrightarrow{\text{光}+\text{绿色植物}}\text{维持生命的空气}+\text{植物营养}$$

这就是现代光合作用反应公式的雏形。

➡➡世界上最重要的化学反应

光合作用的过程看似简单，却蕴含着复杂的机理和功能关系。光合作用的完成需要经历光能的吸收、传递和转化三个过程。光能的吸收主要依赖的是色素，包括叶绿素和类胡萝卜素。叶绿素大量吸收红橙光及蓝紫光，类胡萝卜素主要吸收蓝光。19 世纪 60 年代，德国科学家萨克斯的实验成功证明了绿色叶片在光合作用中产生了淀粉。继而，美国科学家恩格尔曼通过实验证明，氧是由叶绿体释放出来的，叶绿体是绿色植物进行光合作用的场所。德国化学家威尔斯泰特从绿色植物的叶片中，将叶绿素分离出来，并进行纯化，对它的化学结构进行了研究。在研究植物对二氧化碳吸收的时候，他发现光合作用正是靠这种绿色植物中的叶绿素来完成的。威尔斯泰特因为发现了植物色素和叶绿素结构获得了 1915 年诺贝尔化学奖。

叶绿素是如何参与光合作用的呢？美国化学家卡尔文和他的同事利用放射性同位素碳 14 做了一系列实验，通过改变光照条件和减小二氧化碳浓度等方法，发现磷酸甘油酸和二磷酸核酮糖有明显的对应关系，肯定了植物吸收二氧化碳后最初的同化产物是二磷酸核酮糖，从而弄清楚了光合作用中二氧化碳的循环途径及光合碳循环，人们把它称为卡尔文循环。因为在光合作用碳循环中的重要贡献，卡尔文获得了1961年的诺贝尔化学奖。

随着光合作用机理的进一步揭示，科学家发现光合作用分为两个阶段：第一个阶段的化学反应必须有光才能进行，这个阶段被称为光反应阶段，光反应阶段的化学反应是在叶绿体内的类囊体上进行的；第二个阶段的化学反应没有光也可以进行，这个阶段被称为暗反应阶段，暗反应阶段中的化学反应是在叶绿体的基质中进行的。卡尔文的实验表明，二氧化碳同化成碳水化合物的过程和光化学反应没有直接的联系，这与英国化学家希尔的发现一致。那么，不同的过程是如何关联的呢？这就需要还原辅酶Ⅱ和腺三磷这两种物质。利用光能可以生成还原辅酶Ⅱ，腺三磷的合成则涉及光合磷酸化。1961年，英国生物学家米切尔提出了渗透假说，将电子传递和光合磷酸化联系起来的是氢离子，它在水中普遍存在，因为此理论米切尔获得了1978年的诺贝尔化学奖。至此，人们认识到光合作用可以分成三个阶段：第一个阶段是原初反应，即光量子通过叶绿素等光合色素吸收后传递给反应中心，引起光化学反应；第二个阶段是光化学反应形成一系列的电子传递和质子传递，导致了还原辅酶Ⅱ、腺三磷的形成；第三个阶段是还原辅酶Ⅱ、腺三磷推动的二氧化碳同化过程，使二氧化碳变成碳水化合物等有机质。

光合作用的发现距今已经有200多年的历史，虽然有很多的科学家在这个领域中获得了诺贝尔奖，但是其中的复杂机理仍然还有许多谜题，要真正解开其中的奥秘还需要时间。

➡➡生命存在和发展的基石

光合作用每年可以为地球生产约 2 200 亿吨有机物，相当于人类每年所需能量的十倍。光合作用是食物来源及生物质能的物质基础，如果没有植物对光能的利用，就不可能有人类社会的生存和持续发展。

挖掘作物的光合生产潜力，可为作物高光效遗传改良与新品种培育提供更好的基础。比如，水稻、小麦等作物属于 C_3 作物，高粱、玉米等作物属于 C_4 作物，C_4 作物的光合效率高于 C_3 作物。科学家研究 C_4 作物高光效的机理，通过选择光合效率高的单株和高世代群体光合作用测定的育种策略，选育出了小麦高光效新品种“郑麦 7698”，该项目获得了 2018 年国家科技进步奖二等奖。

不仅如此，光合作用的生物转化产品，还可为人类的生产和生活提供生产清洁能源的原料，包括乙醇、生物柴油和生物质能等。仿生模拟光合作用机制为太阳能的利用开辟了一个新的方式，例如生物太阳能电池的研制。研究人员通过基因工程改造大肠杆菌，使其具有了大量番茄红素，而番茄红素对于吸收光线并转化为能量来说特别有效。同时，研究人员为细菌涂上了一种可以充当半导体的矿物质，然后将这种混合物涂在玻璃表面，他们采用涂膜玻璃作为电池阳极，生成的电流密度显著提高。

这些崭新的概念和思想，对实现农业的可持续发展，利用可再生生物能源具有革命性意义。在21世纪，光合作用机理的研究及其应用在高新技术的培育上将具有远大前景。

▶▶一粒种子如何改变世界？

种子寓意着希望，在这滋长希望的生命里，微小的个体也可以盛开出美丽的花，长出丰硕的果，再孕育出更多的希望。

➡➡庞大的种子世界

植物学上所谓的种子，从生物进化的角度而言，指的是高等植物由胚珠发育而成的繁殖器官。种子是植物界在长期发展过程中达到较高阶段的产物。种子植物的化石记录可以追溯到约3.65亿年前，在欧洲东北部和北美部分地区发现了这一时期的种子植物化石。由于植物在形成化石之前经常破碎，所以很少能发现完整的植物化石。通常情况下，最早的种子植物，只有胚珠和种子本身可证明其是种子植物，在进化的早期阶段，它们与其祖先（裸子植物）共享大多数的形态和解剖特点。

因为种子作为繁殖器官对植物的繁衍和传播具有特殊的优越性，所以种子的出现是植物发展过程中的一个巨大飞跃。在不同的生存环境条件下，种子可以使植物具有更广泛的分布特征和长期生存的能力，并通过变异不断产生新的类型，增强其适应能力。目前，地球上已发现的植物有 40 多万种，其中种子植物就有 30 多万种，种子植物占有很大的优势。

植物种子大小不同，性状各异。小的种子，如某些兰花的种子，只由几十个细胞组成，长度只有几百微米，每个细胞的质量只有百万分之二克。大的种子，每粒种子质量可达 15 千克，如生长在西印度洋塞舌尔群岛的海椰子种子。种子的形状有球形（如核桃）、肾形（如大豆）、多边形（如三裂豚草）等。种子的颜色也多种多样，包括黑色、白色、红色、棕色、黄色，以及不同颜色的漂亮图案。种子的表面也不同，有的种子表面光滑，有的粗糙，有的多刺，有的有翅。种子不仅类型多样，繁殖能力也十分惊人，比如一株稗草能结一万多粒种子。

那么，种子是如何形成的呢？一般来说，被子植物的花授粉后，落在柱头上的花粉粒开始萌发。发芽期间，花粉管沿花柱伸入胚囊。花粉管顶端有一个小孔，两个精子通过这个小孔释放。一个精子与胚囊中的卵细胞结合形成合子，合子休眠一段时间后分裂并发育成胚胎；另一个精子与胚囊中的极核融合，发育成营养丰富的胚乳组织。随着胚和胚乳的进一步发育，其周围的珠被相应地发育成种皮，种子就形成了。

➡➡农业上的种子

农业上的种子含义与植物学上的种子含义并不完全相同。从农业生产来看，只要能繁殖后代、扩大再生产的，都可以称之为种子。农业上的种子大致可以分成三类：第一类是植物学上所称的种子，是由胚珠发育而成的繁殖器官，比如大豆、棉花、油菜等作物的种子；第二类是种子由子房壁发育而来，果皮包裹于种子的外面，果皮和种皮紧密结合，禾本科作物如玉米、高粱就属于这一类，称为颖果；第三类属于植物学中的营养器官，是无性生殖器官，例如甘薯块根实际上是根积累养分形成的营养器官，马铃薯块茎是由侧茎生长点膨大形成的畸形茎。此外，植物的繁殖也可以采用分株、嫁接等方法，这些利用植物的营养器官或植株的一部分进行繁殖的方法在植物学上称为无性繁殖。

从结构来看，种子分为有胚乳种子和无胚乳种子。有胚乳种子，是指种子中的胚乳占据重量和体积的绝大部分，而胚仅占一小部分，比如水稻、玉米等单子叶作物的种子；无胚乳种子，是指种子在发育后，胚乳的成分由胚所吸收，继而转移到子叶中，这样胚乳就消失了，形成了肥大的子叶，比如我们食用的大豆和蚕豆等。

随着农业产业化的发展，种子作为基本的生产资料，

也越来越具有商品属性。杂交种子的广泛使用，使农作物的产量和品质得到了很大的提升，在农业生产上必须年年杂交制种，而杂交种播种后所收获的果实不能用作种子。同时，对于种子的加工，去除种子中的杂质和多余的水分，使种子干燥耐贮，并对种子进行精选，大大提高了商品化种子的质量。还有，根据生产上的需要，对种子进行包衣，比如应用各种农药或不同的肥料包衣，这样就进一步提高了种子的质量。

➡➡改变世界的种子

20 世纪 90 年代末，美国学者布朗抛出了“中国威胁论”。他写道：到 21 世纪 30 年代，中国人口将达到 16 亿，到时谁来养活中国，拯救由此引发的全球粮食短缺和动荡？时至今日，这种说法不攻自破。打破这种说法的是中国科学家把作物产量推向新高的努力，中国人稳稳地把饭碗端在了自己的手里，并努力帮助世界解决饥饿问题。种子功不可没！

“仓廪实而知礼节”，吃饭问题是世界头等大事。早在 19 世纪，人们就开始了对水稻杂种优势利用的研究。1926 年，美国科学家琼斯第一个发现了水稻的雄性不育现象，之后，水稻杂种优势问题引起了世界各国育种专家的关注。水稻杂交是将一个水稻的雄蕊与另一个水稻的雌蕊授粉产生后代种子的技术。水稻是一种自花授粉作物，每一朵水稻小花都包含雄蕊和雌蕊，直接利用杂种优势存在很大的困难。为了获得杂交水稻，需要改变水稻原有的繁殖习性，从正常的自花传粉向强迫异花传粉转变，以获得这种异花传粉产生的种子。然而，为了实现这个目标，需要创制一种变异的水稻花朵，具有不育的雄蕊，只留下可育的雌蕊，由其他水稻的可育雄蕊授粉，实现异花授粉。在多次尝试均无结果后，世界各地的育种专家对通过杂交产生更好的水稻种子失去了信心。

1970 年 11 月 23 日上午，在海南岛南江农场铁路桥旁的湿地附近，一株天然野生水稻引起了田间工作人员的注意，这确实是一种雄性不育的天然野生水稻！“野败(野生败育)”水稻的发现在我国杂交水稻研究中具有重要意义，为“三系”配种铺平了道路。通过培育这种“野败”品种，中国科学家袁隆平成功地使粮食产量增加了数千亿公斤。袁隆平说，杂交水稻适合在世界上许多国家种植。如果世界上种植杂交水稻的面积增大 7 500 万公顷，每公顷将多生产 2 吨粮食，粮食产量将增产 1.5 亿吨，能够再养活 4 亿～5 亿人。这样，世界各地的粮食安全将得到有效保障。

袁隆平及其创新团队选育的杂交水稻已销往世界 20 多个国家和地区。21 世纪初，由袁隆平领衔的中国科研团队创造的杂交水稻——“东方魔稻”在亚、非、拉、美各国家和地区蓬勃发展，成为世界粮食安全和农民增收的保证。自 1979 年中国向美国西方石油公司赠送 1.5

公斤杂交水稻种子以来，中国杂交水稻已被引进到越南、菲律宾、印度等40多个国家，种植面积达150万公顷。

在杂交水稻种子生产方面，中国的科研能力处于世界一流水平。美国30％的水稻种植使用杂交水稻种子。美国水稻技术公司向中国湖南杂交水稻研究中心支付了100多万美元的技术成果使用费。中国杂交水稻研究成果连续多次获得联合国教科文组织国际奖项。这是中国农业科技工作者开拓性的历史贡献，在世界科技史上留下了光辉的一页。

▶▶从传统农学到现代农学

抚今追昔，农学也历经沧海桑田，从敲打石器的声音到机器的轰鸣，从刀耕火种到绿色革命，从精耕细作到精准农业，农学有所作为，亦大有可为。

➡➡从农具的变迁看农学的发展

“工欲善其事，必先利其器”，农事的操作离不开农具，农具是农业生产力水平的重要体现。在原始农业中，人们最初用来制作工具的材料是石头、兽骨和木头等，其中以石头为主。这一点从汉字的演化上可见，如耜(音同四)字，一般见于古籍，本义为古代农具名，是原始翻土农具下端的主要铲土部件，形状像今天的铁锹，最早为石制。木制工具由于易碎且不易存，出土较少，但从民族志等资料来看，原始农业时代的锄头类木制工具还是很常见的。

农具伟大的革命始于铁制工具材料的使用。铁冶炼工业的发展不仅为工具提供了比青铜更坚韧的适宜材料，而且使其原料来源也更为广泛，因而铁制农具比青铜农具更普及，从而使农业生产力得到了质的飞跃。《国语·齐语》记载管仲对齐桓公说“美金以铸剑戟，试诸狗马；恶金以铸鉏夷斤斸（音同逐），试诸壤土”，这里的“美金”指的是青铜，而“恶金”指的是铁。受当时技术条件的限制，一般可锻铸的铁农具都是形状小、壁薄的铁口工具，而且工作性能很差，只有用钢才能解决这个问题。我国炼钢比较早，春秋战国时期有渗碳钢冶炼，汉代有铸铁脱碳钢冶炼，但由于其成本高、技术复杂，很少用于农具。在宋朝时，随着炼钢技术的进步，除犁铧、犁壁仍用坚硬耐磨的铸铁浇铸外，钢刃熟铁农具已经替代了小型薄壁的嵌刃式铸铁农具。比如，宋朝出现的用銐（音同赤）刀在沼泽地开荒，在长江以南地区用手工工具铁搭（四齿或六齿耙）开垦农田，这是铁器使用后工具材料的重大变革。

农具不仅材质发生了很大的变化，形状也几经变迁。犁始于耒耜，经发展演变，在使用牲畜牵拉耒耜之后，犁与耒耜分开，有了“犁”之名。早期的犁形制品比较简陋，西周晚期至春秋时期出现铁犁，开始用牛拉犁耕田。西汉出现了直辕犁，只有犁头和扶手。缺少耕牛的地区，则普遍使用“踏犁”。唐朝曲辕犁的出现，增加了犁评，可适应深耕和浅耕的需要。改进了的犁壁呈圆形，可将翻起

的土推到一旁，减小前进的阻力，而且能翻覆土块。现代犁铧有了很大的提升，犁嘴多为纯钢制造，犁底多为铁铸，犁杆高度可调，操作更加灵活、机动，耕深可变，耕作的效率和效果有了很大的提升。

随着农机的普及，农业生产上出现了各种各样的农机，如拖拉机、插秧机、旋耕机、深松机、收获机和脱粒机等，农业生产已不再是“面朝黄土背朝天”的场景。2020年中国农作物耕种收机械化率已经超过70%，农具的变迁虽然只是农业生产变化的一个侧面，但反映了中国农业、农村日新月异的变化。

➡➡绿色革命带来的生机

20世纪中期，许多发展中国家受困于粮食问题，消除饥饿成了艰巨的战略任务。利用“矮化基因”培育并推广以矮秆、耐肥、抗倒伏为主要特征的小麦、水稻等作物新品种和生产技术，极大地促进了农业生产技术的革新。有人认为这场改革活动犹如18世纪蒸汽机在欧洲所引起的产业革命一样，对世界农业生产产生了深远的影响，故称之为“第一次绿色革命”。

从20世纪50年代到80年代中期，绿色革命使全世界水稻、小麦等农作物的生产总量增加了2.5倍，有效解决了数十个国家的粮食自给问题。其中，菲律宾在积极推广高产品种方面卓有成效。自1962年国际水稻研究所(IRRI)在菲律宾建立以来，至1975年已育成了11个国际著名的水稻新良种，其中IR8被认为是“奇迹稻”，是矮化育种的代表性成果。随后，IRRI又相继育成了一系列矮秆、高产新品种，这些品种的推广和应用，极大地提高了水稻的单位面积产量，至20世纪80年代末，水稻单产比70年代初提高了60%以上。实际上，我国广东省农业科学院黄耀祥团队早在1956年就开始水稻矮化育种工作，于1959年培育出我国也是世界上第一个通过人工杂交育成的矮秆水稻品种——“广场矮”，比IRRI 1966年育成的IR8早问世7年。“广场矮”才是真正的“奇迹稻”，随着国际交流的增加，这个事实后来逐渐得到同行认可。另一个绿色革命的中心是1966年成立于墨西哥的国际玉米小麦改良中心(CIMMYT)，代表人物是小麦育种专家诺曼·博洛格博士。博洛格用矮秆小麦“Brevor”与墨西哥小麦杂交获得成功，并连续育成若干矮秆和半矮秆墨西哥小麦品种。在20年的时间里，墨西哥的小麦产量提高了5倍，而产量的90%都来自这种矮秆小麦品种。博洛格一生都致力于推行“绿色革命”，为缓解粮食危机做出了巨大的贡献，被誉为“绿色革命之父”。1970年，博洛格被授予诺贝尔和平奖，这是诺贝尔和平奖第一次授予在农业领域具有突出贡献的科学家。

20世纪70年代，我国在矮化育种的基础上，率先进行了以杂交水稻育种为代表的又一次农业技术革命，其根本是作物杂种优势的利用。袁隆平提出了利用“不育

系、保持系、恢复系”三系法实现水稻杂种优势的思路，并于1973年成功实现了“杂交籼稻三系”的配制，在水稻杂种优势利用研究上取得了重大突破。至2018年，我国杂交水稻累计种植面积达到85亿亩，增产8.5亿吨。杂交水稻的种植增加了水稻产量，每年可以多养活大约7 000万人。因为在杂交水稻领域做出的杰出贡献，袁隆平被誉为“杂交水稻之父”，并于2004年获得了世界粮食奖。杂交水稻的成功培育极大缓解了世界的粮食短缺问题，被誉为“第二次绿色革命”。

➡➡从传统农业到精准农业

在自然经济条件下，传统农业是以人力、畜力和使用铁器等为主，依靠代代相传的传统劳动经验，满足自然经济主导的、自给自足农业需求的一种人工劳动方式。从这些特点来看，传统农业是以家庭为生产单位，在家庭内部分工的一种生计农业，农业生产依靠经验积累，生产方式相对稳定，但农产品产量有限。因此，传统农业生产水平低，剩余少，积累慢，产量受自然环境条件影响较大。

在现代科学技术和现代工业基础上发展起来的农业与传统农业存在显著的区别。农业生产的观念由顺应自然变为自觉地利用自然和改造自然，由凭借传统经验变为依靠科学，在植物学、动物学、化学、物理学等学科高度发展的基础上，使之成为科学化的农业。并且，工业部门生产的大量能源和物质投入农业生产中，以获得更多的农产品，使之成为工业化农业。农业生产走上了区域化、专业化的道路，从自然经济向高度发达的商品经济转变，成为商品化、社会化的农业。

观念和科学技术的进步与成熟使农业生产方式发生了根本的转变。“精耕细作”这个与传统农业密切相关的词语被赋予了新的含义。精准农业是指在网络信息服务、“3S”（遥感、地理信息系统和全球定位系统）技术和智能控制等应用的基础上，根据农业经营对象的时空变化，在一定的位置、时间和数量上实施一套现代农业经营技术。其基本内涵是根据作物生长的土壤性质，调整对作物的投入，即一方面查明田间土壤性质和生产力的空间变化，另一方面确定作物的生产目标并进行定位的“系统诊断与优化”，以最少的投入获得相同或更高的收益，有效利用各种农业资源，获得最佳的经济效益和环境效益。

精准农业通过细致的计算，准确量化了农作物所需的肥料、水和农药的用量，大大节约了各种原材料的投入，降低了生产成本，提高了土地生产能力，且非常注重环境保护。精准农业使农业生产由粗放经营向集约经营转变。更重要的是，它使各种原材料的使用达到了非常精确的程度。农业生产可以像工业过程一样连续进行，实现规模化经营。精准农业不过分强调高产，而主要强调效率，它将使农业进入数字化和信息化时代。

农谚：劳动人民的智慧

田家少闲月，五月人倍忙。夜来南风起，小麦覆陇黄。

——白居易

农谚，即有关农业生产的谚语，是我国劳动人民将在长期农业生产和生活实践中获得的认知与经验，以简短流畅、质朴生动、道理直白的形式进行传播，对指导农业生产、生活有良好作用，被喻为“农业生产的百科全书”。经过一代代不断的积累、加工、锤炼和传承，成为世代相袭的传统农耕文明和精神文化财富的重要组成部分。

▶▶农谚与“二十四节气”

农谚讲的是农业生产，农业生产包括农、林、牧、副、渔五业，这就注定了我们这个历史悠久、幅员辽阔、人口众多的农业大国，农谚之丰富浩如烟海。农业出版社出版的《中国农谚》，上册包括大田作物、棉麻、果蔬、蚕桑、豆类、油料、花卉等，共 16 200 余条；下册包括土、肥、种、田间管理、水利、气象、畜牧、渔业、林业等，共 15 200 余条。纵观农谚归类，有与“二十四节气”紧密关联的农时谚语，有与农业生产的时序和关键环节相关的农事谚语，有借天气变幻规范农事的气象谚语，有与乡村生活和农经管理相关的农村谚语，并呈现出地域性和普遍性、概括性和科学性、群众性和通俗性的内容特点。其间亦有内容相互交叉，或大到包罗万象，或小至一苗一虫，无时无刻不在诠释着农耕文明绵延所必需的天时、地利与人和。在这些农谚当中，以入选人类非物质文化遗产代表作名录的与“二十四节气”相关的农时谚语最为普及，因为农耕生产与大自然的节律息息相关。

“二十四节气”起源于黄河流域，是上古先民顺应农时，通过观察天体运行，认知一年之气候、物候、时候等方面变化规律所形成的知识体系。“二十四节气”分别为立春、雨水、惊蛰、春分、清明、谷雨、立夏、小满、芒种、夏至、小暑、大暑、立秋、处暑、白露、秋分、寒露、霜降、立冬、小雪、大雪、冬至、小寒、大寒。“二十四节气”为农历的一个重要部分，是干支历中表示自然节律变化以及确立“十二月建”(月令)的特定节令。它是上古农耕文明的产物，彰显着独创的灿烂农耕文化。

“二十四节气”农谚歌：

打春阳气转，雨水沿河边，惊蛰乌鸦叫，春分地皮干，清明忙种麦，谷雨种大田；

立夏鹅毛住，小满雀来全，芒种开了铲，夏至不拿棉，小暑不算热，大暑三伏天；

立秋忙打靛，处暑动刀镰，白露烟上架，秋分不生田，寒露不算冷，霜降变了天；

立冬交十月，小雪地封严，大雪河汉上，冬至不行船，小寒近腊月，大寒整一年。

▶▶农时农谚中的四季

农时，《辞海》（第七版）的释义为适应气候变化规律从事耕种、收获的季节。语出《孟子·梁惠王上》："不违农时，谷不可胜食也。"华夏祖先历经千百年的农业生产实践，不断总结对农事活动规律的感知认识，创造出与农时节气紧密关联的农谚。衣食农事，依季候而作；冬去春来，任时光流转。既是时令指南，亦是生活美学，经一代又一代的传承发展，至今仍有大部分符合农事规律，适应现代农业发展。

▶▶农谚中的四季之春生篇

"一年之计在于春。"春来，绿柳扶堤，气象更新。春天，对于大多数作物来说是播种的季节，播下种子等待生长的希望。

春季是一年四季的第一季，我国习惯指农历的正月、二月和三月，即始于立春（2 月 3 日至 5 日）止于立夏（5 月5 日至 7 日）的三个月时间，包括立春、雨水、惊蛰、春分、清明、谷雨共六个节气。春季为万物复苏的季节，对农业来说，许多农作物开始播种，越冬作物则进入“返青”时期，茎和叶由黄逐渐变青，因此有“一年之计在于春”之说。

立春为春季开始之意，气温逐渐回升，光照日渐充足，降雨趋于增多，春种春灌等各项农事活动将陆续开始。“立春一年端，种地早盘算”“春争日，夏争时，一年农事不可迟”“春打六九头，春耕早动手”“立春雨水到，早起晚睡觉”等农谚，提醒和催促着人们早谋划、早动手，适时进行春耕春播、春繁春养，奠定秋熟丰产丰收基础。“立春天气晴，百事好收成”“立春晴一日，耕田不费力”“立春雪水化一丈，打得麦子没处放”，表明立春这一天若是天气晴朗，当年的年景大多风调雨顺，农事操作便利，作物适宜生长，是丰收的好兆头；反之则“雨打立春头，农夫百日忧”“雨淋春牛头，七七四十九天愁”，提醒人们雨水偏多，耽误农时，必须提前做好防御和减缓措施。

雨水节气意味着进入了气象意义的春天，黄淮平原日平均气温已达 3 ℃，江南日平均气温在 5 ℃上下，华南日平均气温在 10 ℃以上，故农谚有“雨水节，雨水代替雪”之说。而此期间北方冷空气活动仍很频繁，天气变化多端，华北以北地区日平均气温仍在 0 ℃以下，即“雨水

非降水，还是降雪期”。因春季降水少，气温回升和水分蒸发快，土壤干燥，保墒特别重要，故言“雨水有雨庄稼好，下多下少都是宝”“雨水春雨贵如油，顶凌耙耘防墒流”。

惊蛰时节，春雷乍响，春意盎然。“惊蛰春雷响，农夫闲转忙”“惊蛰地化通，锄麦莫放松”，各种农活纷至沓来，农民企盼“惊蛰闻雷，米面如泥”“惊蛰打雷又打闪，麦场谷粮堆成山”，开始了一年正式的农作。

“春分麦起身，一刻值千金。”春分时节，麦类开始进入生长阶段，需水量相对较大，要做好肥水供给，故“春分麦起身，肥水要紧跟”。此时天气变化较为频繁，“春分前后怕春霜，一见春霜麦苗伤”，要做好防霜工作。春分前后，农人盼雨。如果春分时节降雨较多，则有利于农作物播种，人们要把握好时机，即农谚所指的“春分雨多，有利春播”“春分有雨家家忙，先种瓜豆后插秧”。

清明对于古代农业生产而言是一个重要的节气。“清明时节，麦长三节”，清明前后正值我国北方地区麦田追肥浇水，南方地区早稻落谷、棉花播种育苗的时节，淮河以南则可“清明前后，种瓜点豆”，所以有“清明到，农人吓一跳”，农活猛然多了起来，农民倍感时间紧迫。

谷雨有“雨生百谷”的特殊含义，时节也正是前期播种的种子出芽长出新叶的时候，雨水显得尤为重要，“谷雨前后一场雨，胜似秀才中了举”。此时是黄淮棉区适宜的播种季节,“清明早,立夏迟,谷雨种棉正当时”“谷雨种棉花,能长好疙瘩”。“谷雨蚕生牛出屋”,江南许多地区开始采桑养蚕,秧苗初插,需有充沛的雨水才能使稻苗迅速成长,故“谷雨插好秧,夏季收满仓”。对于渔家而言,“骑着谷雨上网场”,谷雨时节恰是春海水暖之时,百鱼行至浅海地带,是下海捕鱼的好日子。

▶▶农谚中的四季之夏长篇

“孟夏之日,天地始交,万物并秀。”夏天,雨热充沛,夏收作物丰收在即,秋收作物竞相生长。

夏季是一年四季的第二季,我国习惯指农历的四月、五月和六月,即始于立夏(5 月 5 日至 7 日)止于立秋(8 月7 日至 9 日)的三个月时间,包括立夏、小满、芒种、夏至、小暑、大暑共六个节气。夏季是许多农作物旺盛生长的最好季节,充足的光照、适宜的温度和充沛的雨水,给植物提供了所需的条件。大多数地区会受到低气压影响,气候相对稳定,雨热同期,有利于农作物生长,农作物在夏季进入了茁壮成长阶段。

立夏时节,万物并秀,夏收作物进入生长后期,冬小麦扬花灌浆,油菜接近成熟,夏收作物年景基本定局,故农谚有“立夏看夏”之说。据记载,周朝时立夏这天,帝王要亲率文武百官到郊外“迎夏”,并指令司徒等官去各地勉励农民抓紧耕作。“多插立夏秧,谷子收满仓”,此时是

早稻大面积栽插的关键时期，雨水来临的迟早和雨量的多少，与日后收成的好坏关系密切，即“立夏不下，犁耙高挂”“立夏无雨，碓头无米”。栽秧后要立即加强管理，“能插满月秧，不薅满月草”，早追肥，早治病虫，中稻播种要抓紧扫尾。对于茶树而言，春梢发育最快，“春茶过立夏，一日长寸把”。稍一疏忽，茶叶就要老化，正所谓“谷雨很少摘，立夏摘不辍”，要集中全力，分批突击采制。立夏前后，华北、西北等地气温回升很快，但降水仍然不多，大气干燥和土壤干旱常严重影响农作物的正常生长，尤其是小麦灌浆乳熟前后的干热风更是导致减产的重要灾害性天气，适时灌水是抗旱防灾的关键措施。“立夏三天遍地锄”，这时杂草生长很快，“一天不锄草，三天锄不了”。中耕锄草不仅能除去杂草，抗旱防渍，而且能提高地温，加速土壤养分分解，对促进棉花、玉米、高粱、花生等作物苗期健壮生长有十分重要的意义。

“小满小满，麦粒渐满”，我国冬麦区籽粒开始灌浆饱满，但尚未成熟，麦粒开始变黄，即“麦到小满日夜黄”。从小满节气开始，就应该做好收割麦子的准备了。小满节气，是雨季到来之前的一个信号。“庄稼要吃面，小满十二干”，小满之后的十多天内，如果天气晴朗，小麦的产量就会特别高；若遇连续阴雨天，则会影响小麦的生长且减收明显。“小满花，不到家”指的是若棉花播种迟到小满，收成则难保。“小满见三新”，亦说“小满见三鲜”，指小满时节各种各样的瓜果蔬菜及大田作物陆续成熟并收获上市，可供人们尝鲜，黄淮地区多指小麦、大蒜和蚕茧，江南地区多指大麦、油菜和蚕豆。成熟季节“小满动三车”，即开动油车、丝车和水车，及时进行油菜籽榨油、蚕茧缫丝和水稻插秧翻水。

芒种谐音“忙种”，是农事最繁忙的一个时节，自此到夏至的半个月，全面进入夏收、夏种、夏管的忙碌高潮。“芒种芒种，连收带种”，北方小麦等夏熟作物要收割，接茬播种秋熟作物，南方中稻要插秧，故有“芒种到，无老少”“芒种麦登场，秋耕紧跟上”之说。此时“麦收却有三怕：雹砸、雨淋、大风刮”，造成小麦不能及时收割或导致麦株倒伏、落粒等，“芒种麦上场，龙口夺粮忙”，须抓住晴好天气及时抢收抢打抢晒小麦，保住丰收果实。“雷打芒种，稻子好种”，在江苏，“芒种插的是个宝，夏至插的是根草”，故有陆游《时雨》诗云：“时雨及芒种，四野皆插秧。家家麦饭美，处处菱歌长。”华北地区的山西等地，芒种距初霜来临仅百日左右，过了芒种再播种作物一般很难成熟，故曰“芒种糜子急种谷”“过了芒种，不可强种”。

夏至，又称夏节、夏至节等，是二十四节气中最早被确定的一个节气，可追溯至公元前 7 世纪先人采用土圭测日影的史实记载。夏至是一年里太阳北行的极致，是北半球北回归线以北地区白昼时间最长的一天，《恪遵宪度抄本》中记有“日北至，日长之至，日影短至，故曰夏

至”，而后便“吃过夏至面，一天短一线”。“夏至不过不热”，意味着此时为炎热天气的开始，但该日并非北半球一年中天气最热的时候，因为接近地表的热量此时还在继续积蓄，“夏至三庚数头伏”，真正的暑热天气通常在大暑至立秋。夏至期间气温较高，日照充足，作物旺盛生长，“进入夏至六月天，黄金季节要赶先”“夏至棉田草，如同毒蛇蛟”，要抢种抢灌勤除草，充分利用光热资源，促进夏播作物早发壮苗。而此时“夏至不起蒜，必定散了瓣”，应及时收获大蒜，以免散瓣霉烂。就雨水而言，“夏至西风刮，麦子干场打”，意为夏至刮西风干旱无雨，有利于小麦收割、打场、晾晒；反之则“夏至东风摇，麦子水里捞”，甚至“夏至东南风，平地把船撑”。而对旺长作物而言，则“夏至风从西边起，瓜菜园中受熬煎”。为此我国自古就有在夏至祭神拜祖之俗，以祈求消灾丰年。

小暑，正当初伏前后，“暑”字意为“炎热”，“小暑”即代表天气开始炎热。虽然小暑时已经能够明显感受到气温升高，但未达到一年内最热，只是炎炎夏日的开始，“小暑过，一日热三分”。暑伏天气既要防暑又要防涝，小暑时，我国南方地区已是盛夏，部分地方也进入雷暴最多的时节，常伴随大风、暴雨，因此，虽然雨热同期有利于农作物的生长，但集中降雨容易造成洪涝灾害，在农业生产上也要注意预防涝害，即“睡了一觉，由旱变涝”“福雨淋淋农民喜，小暑防洪别忘记”。

“小暑不算热，大暑正伏天”，大暑正值“中伏”前后，是一年中日照最多、最炎热的时节。我国古代将大暑分为“三候”：“一候腐草为萤，二候土润溽暑，三候大雨时行。”“一候”是说萤火虫卵化而出；“二候”是说天气开始变得闷热，土地潮湿；“三候”是说雷雨天气频繁出现，暑气减弱，开始向立秋过渡。大暑节气，高温酷热，雷暴频繁，雨量充沛，是万物狂长的时节，在苏、浙一带有“小暑雨如银，大暑雨如金”“伏里多雨，囤里多米”“伏天雨丰，粮丰棉丰”“伏不受旱，一亩增一担”的说法。但此时旱、涝、台风等自然灾害发生频繁，做好抗旱、排涝、防台和田间管理等工作十分重要。根据大暑的热与不热，还产生了不少预测后期天气的农谚，像“大暑热，田头歇；大暑凉，水满塘”“大暑热，秋后凉”“大暑热得慌，四个月无霜”“大暑不热，冬天不冷”等。

▶▶农谚中的四季之秋收篇

秋起，秋风掠过田野，黄了稻子，红了高粱，流淌一年的汗水变成丰收的甘甜和喜悦。

秋季是一年四季的第三季，我国习惯指农历的七月、八月和九月，即始于立秋（8 月 7 日至 9 日）止于立冬（11 月 7 日或 8 日）的三个月时间，包括立秋、处暑、白露、秋分、寒露、霜降共六个节气。进入秋季，意味着降雨、风暴等开始减少，热天气已过去，秋风送爽，天气由热转寒，

农作物随寒气增长，逐渐开始成熟，硕果满枝、田野金黄，是收获的季节。

立秋，代表炎热的夏天即将过去，秋季即将来临。但立秋并不意味着酷热天气就此结束，此时还处于暑热时段，所谓“热在三伏”“秋后一伏”，立秋后还有至少“一伏”的酷热天气。在古代农业社会，人们对立秋的重视程度不亚于过节，周天子在立秋这天要亲率文武百官到西郊迎接“秋气”；民间有祭祀土地神庆祝丰收的习俗；湖南、江西、安徽等生活在山区的村民则有“晒秋”的农俗，利用房前屋后及自家窗台、屋顶挂晒农作物。立秋对于农事的影响较大，古人认为如果立秋日天气晴朗，必定风调雨顺，可以坐等丰收，即所谓的“雷打秋，冬半收”“立秋晴一日，农夫不用力”。同样，立秋的早晚也相当重要，“七月秋样样收，六月秋样样丢”。立秋前后各种农作物生长旺盛，中稻开花结实，玉米抽雄吐丝，大豆结荚，对水分需求较高，此时水分供应不足会造成农作物大幅度减产，无法补救，所以有“立秋三场雨，秕稻变成米”“立秋雨淋淋，遍地是黄金”的说法。

处暑，即“出暑”，意味着炎热离开。《月令七十二候集解》中说：“七月中。处，止也，暑气至此而止矣。”此时三伏已过或近尾声，气温由炎热向寒冷过渡，所以称“暑气至此而止矣”。农谚“一场秋雨一场寒”“立秋三场雨，麻布扇子高搁起”就是对处暑的描述。昼暖夜凉的条件对农作物干物质的积累十分有利，庄稼成熟较快，民间一直有“处暑禾田连夜变”的说法。处暑以后，大部分地区雨季即将结束，降水逐渐减少，但此时农作物对水分的需求量依然很大，“处暑，处暑，处处要水”“处暑不带耙，误了来年夏”充分说明了处暑时节蓄水、保墒的重要性。

白露，代表孟秋时节的结束和仲秋时节的开始，是昼夜温差最大的节气。白露前后，夏日的暑气逐渐消失，天气转凉，清晨时分地面和叶子上会有许多露珠出现，古人以四时配五行，秋属金，金色白，故以白形容秋露，名曰“白露”。俗语云“处暑十八盆，白露勿露身”“白露秋分夜，一夜凉一夜”。古人将白露分为“三候”：“一候鸿雁来，二候玄鸟归，三候群鸟养羞。”意思是说此时鸿雁与燕子等候鸟南飞避寒，百鸟开始储存干果等粮食以备过冬。所谓“白露遍地金，处处要留心”“抢秋抢秋，不抢就丢”。白露也是农民开始收获的时节，东北地区开始收获水稻、大豆和高粱，华北地区的秋收作物成熟、秋种即将开始，西北地区的冬小麦开始播种。

秋分，意为秋季中间，昼夜等分，如《月令七十二候集解》描述：“分者平也，此当九十日之半，故谓之分。”秋分之后，北半球各地白昼渐短而黑夜渐长，南半球各地白昼渐长而黑夜渐短。此时气温逐渐降低，降雨量明显减少，因此秋收、秋耕、秋种的“三秋”大忙显得格外紧张。山西地区有“过了秋分秋收忙，五谷杂粮齐上场”的农谚，山东

地区有“秋分不收葱，霜降梗要空”的说法，而广东地区则是“秋分雷声响，米价日增长”，可见秋分时节全国各地一片丰收的场景。也正基于此，经党中央批准、国务院批复，自2018年起我国将每年农历秋分设立为“中国农民丰收节”。

寒露是二十四节气中最早出现“寒”字的节气，标志着天气由凉爽向寒冷过渡。此时气温较白露更低，露水更多，地面上晶莹剔透的露水即将凝结成霜，意味着深秋的到来。寒露以后，北方冷空气已有一定实力，我国大部分地区雨季结束，雷暴消失，只有云南、四川和贵州局部地区尚可听到雷声。“寒露霜降到，摘花收晚稻”，秋高气爽的天气正适合淮河以南地区采收棉花和甘薯，江淮及江南的单季晚稻也即将成熟，双季晚稻正在灌浆，此时应注意“寒露风”的侵袭。这个时节也可充分体现出中国南北地域的差异性，黄河以北的地区是“白露早，寒露迟，秋分种麦正当时”，而黄河以南则是“秋分早，立冬迟，寒露种麦正当时”。

霜降代表着气温骤降，昼夜温差大，是秋季的最后一个节气。“寒露不出终不出，霜降不黄真不黄”，随着霜降的到来，不耐寒的作物已经收获或者即将停止生长，草木开始落黄，即使是十分耐寒的大葱也不能继续生长了。“十月寒露霜降到，收割晚稻又挖薯。”“十月寒露霜降临，稻香千里逐片黄，冬种计划积肥足，添修工具稻登场。”霜降是南方地区进入“三秋”的大忙时节，收割单季杂交稻、晚稻，播种冬麦，栽早茬油菜。而华北地区的大白菜即将收获，要加强后期管理。

▶▶农谚中的四季之冬藏篇

冬来，寒起，天萧地肃，万物收藏起了头脚，小麦、油菜也暂缓了生长的脚步，只待冬去春来，蓄势待发。

冬季是一年四季的第四季，我国习惯指农历的十月、十一月和十二月，即始于立冬(11 月 7 日或 8 日)止于翌年立春(2 月 3 日至 5 日)的三个月时间，包括立冬、小雪、大雪、冬至、小寒、大寒共六个节气。冬季，万物进入生气闭蓄状态，亦是人类享受丰收、休养生息的季节。

立冬代表冬季的开始。立，建始也；冬，又为“终”，万物收藏也；立冬，生气闭蓄，万物休养收藏也。立冬后，秋季少雨干燥的天气逐渐过去，阴雨寒冻天气开始到来，东北地区大地封冻，草木凋零，蛰虫休眠，万物活动趋向休止，天津地区有“白菜不怕寒，立冬要砍完”的农谚，江南的“三秋”大忙也已接近尾声。在民间，立冬日有“立冬补冬，补嘴空”的说法，农民劳动了一年，立冬之日要休息，犒赏一年来的辛苦。

小雪是反映降水与气温的节气，此时寒潮和强冷空气活动频数较高，天气越来越冷，降水量渐增。小雪期间，我国大部分地区的农业生产都进入了田间管理和农

田基本建设阶段，北方的农民开始给果树修枝，对牲畜进行防寒保暖工作。此时降雪既可以缓解干旱，又可以抑制病虫害，在陕西延安有“小雪雪满天，来年庆丰收”的农谚。更重要的是，雪可以对农作物起到保暖的作用，此时的降雪对越冬的小麦十分有利，因此有了“瑞雪兆丰年”的农谚；反之，则“小雪大雪不见雪，小麦大麦粒要瘪”。

大雪标志着仲冬时节正式开始，其与小雪节气相似，也是表示降水的节气，只是由于降水量的不同而有所区分。大雪时节，黄河流域及其以北地区已是“银装素裹，分外妖娆”的场景，东北、西北地区平均气温已降至零下10 ℃以下，冬小麦已停止生长。严冬积雪覆盖大地，可保持地面及作物周围的温度不会因寒流侵袭而降得很低，为农作物创造良好的越冬环境。融化的积雪还能提高土壤中的水分、养分含量，供作物春季生长需要，所以才说“今年麦盖三层被，来年枕着馒头睡”。

冬至，又称冬节、日短至、亚岁等，是一年中白昼最短之日。冬至在古代是一年中最重要的节气，有“冬至大如年”的说法，在我国北方至今还流传着“十月一，冬至到，家家户户吃水饺”“冬至不端饺子碗，冻掉耳朵没人管”的民谚。冬至的到来也标志着我国北方进入寒冬，“吃冬节，上冬天；吃清明，下苦坑”。因天气寒冷，此时并不适合农人劳动耕作，农人们便闲下来，享受着一年的劳动成果，惬意自然。而南方部分地区的温度还能维持在 0 ℃

左右，要继续做好越冬作物的管理工作。农民还可根据冬至在冬月的位置来判断冬天是否寒冷，如果冬至这一天是在冬月的月初，那么这个月就不会太冷；如果冬至这一天是在冬月的月尾，那么这个月就会十分寒冷，即“冬至在月头，无被不用愁；冬至在月尾，大雪起纷飞”。

冷气积久而寒，小寒代表天气寒冷，但还未达到极点。民谚“小寒时处二三九，天寒地冻冷到抖”，充分说明了小寒节气的寒冷程度，根据我国长期以来的气象记录，在北方地区也有“小寒胜大寒，常见不稀罕”一说。小寒时节，全国大部分地区已经进入农闲时期，此时北方要做好牲畜的管理工作，而南方则要进行越冬作物的田间管理工作。江苏镇江地区有“腊月小寒接大寒，施肥完了心里安”的农谚，可见此时南方地区主要农事活动是给小麦、油菜等作物追施冬肥。

大寒是二十四节气中的最后一个节气，代表天气寒冷到极致。“大寒年年有，不在三九在四九”，其间寒潮南下频繁，出现冰天雪地、天寒地冻的景象。“大寒见三白，农人衣食足”“大寒一场雪，来年好吃麦”，此时下雪预示着翌年的丰收，即“大寒白雪定丰年”。大寒时要做好农作物防寒工作，特别注意保护牲畜安全过冬。

农趣：新奇多彩的农学世界

稻花香里说丰年，听取蛙声一片。

——辛弃疾

农趣，在于“看天”“抚地”，培育新的绿色生命，既有“十里西畴熟稻香”的喜悦，也有“日啖荔枝三百颗”的洒脱。

▶▶我们的食物从哪里来？

从“采食”到“种食”，从“天养”到“自养”，从“天”到“地”，从“陆”到“水”，食物是我们的立命之本。

“国以民为本，民以食为天。”食物是人类赖以生存的基本物质。在广义上，食物是能保证机体正常生理需求、延续生命的物质。食物主要由脂肪、蛋白质和碳水化合物等构成，通过被食用、消化和吸收为机体提供营养，维持生命。

➡➡食物的分类

根据中华人民共和国卫生行业标准 WS/T 464—2015，食物按照其原料属性，可分为谷类及制品、薯类淀粉及制品、干豆类、蔬菜类及制品、菌藻类、水果类及制品等 20 类，每类又分为若干亚类和小类。

从营养学角度，一般将食物分为以下五大类：

第一类为谷类及薯类，一般指各种主食，包括米、面、杂粮等，主要为人体提供碳水化合物，还含有一定量的植物蛋白质和一些膳食纤维以及维生素，特别是维生素 B 族。

第二类为动物性食物，一般指各种肉类，包括猪、牛、羊等红肉，鸡、鸭、鹅等白肉，以及鱼类、蛋类和奶制品等，主要为人体提供动物蛋白质和动物脂肪，也是矿物质、维生素 A、维生素 B 和维生素 D 的重要来源。

第三类为豆类和坚果，一般指各种植物的种子，包括大豆、豌豆等干豆类，以及杏仁、花生、松子、核桃等坚果类，主要为人体提供植物蛋白质、脂肪、膳食纤维、矿物质和维生素，是维生素 E 的重要来源。

第四类为蔬菜、水果、菌类和藻类等，主要为人体提供膳食纤维、矿物质、维生素 C、胡萝卜素、维生素 K 以及各类植物化学物质。

第五类为纯能量食物，包括葵花籽油、花生油、猪油、橄榄油等各种动植物油类，玉米淀粉、红薯淀粉、木薯淀粉等各种淀粉类，以及食用糖、酒等，主要是人工提炼后的单一作用食物，为人体提供单一能量，同时动植物油还可以提供维生素E和必要的人体不能合成的脂肪酸。

➡➡食物的来源

人类大部分的食物来自植物和动物，主要通过采摘、耕种、畜牧、狩猎、捕鱼等适应当地环境的农业活动获得，经过分拣、去皮、剥壳、粉碎、冷冻、包装等加工过程，产生可供食用的产品。事实上，人类食物的产生与发展经历了十分漫长的过程，总体上可分为三个阶段：

第一个阶段是在大约150万年前，人类以野生植物和弱小动物为食。最初，古人类获取食物的方式与一般的动物无明显差别，需要食物的时候，他们便沿着河边或森林边缘等植物生长茂盛的地带，寻找一些适合自己食用的野生植物和弱小动物充饥，像埋在土中或长在树上的各种野蔬野果，野生植物的茎、秆、花、叶和各类昆虫等。

第二个阶段是在大约70万年前，人类开始尝试捕杀大型动物。随着人类群体的逐渐壮大以及生产工具的出现，原始人类的生活逐渐与一般动物拉开了距离，除了野蔬野果和体形较小的野生动物，他们开始将目标锁定在体形和力量远远超过自己的大型动物身上，例如凶猛的剑齿虎、庞大的犀牛和残暴的鬣狗等。据记载，印第安人捕杀野牛后，会先剖开腹部，喝掉胃中残草的汁液，然后将清理干净的内脏作为容器，边吞食生肉边饮牛血。后来，人类在森林野火熄灭后偶然吃到了烧熟的食物，发现被火烧熟的豆子更加美味，被火烤熟的肉更好消化，此后他们便开始尝试用火，逐渐发明了“钻木取火”，人类饮食文化也因此进入了熟食阶段，即“燧人氏时代”。

第三个阶段是在大约1万年前，人类的取食方式由狩猎采集发展为种植驯养。随着农业的发展和制陶术的应用，人类社会进入新石器时代，原始的农耕部落相继出现，创造了粟作农业文明，以粟作种植作为获得食物来源的重要生产手段。中国古代将栽培谷物统称为“五谷”或者“百谷”，主要包括稻、黍、稷、麦和菽。随着农耕的发展，家畜饲养业开始形成。牛、马、羊、犬、豕、鸡是中国传统的六大家畜，其中狗是家畜中最早被驯化成功的，这也说明了当今肉食品种的格局早在史前时代便已形成。

➡➡食物的未来

由采集到种植，由狩猎到驯养的取食方式变化是人类饮食文化历史上的重大变革，不仅从根本上保证了食物来源的稳定性，而且促进了健康、多元化饮食结构的形成，正如《黄帝内经》中所记载：“五谷为养，五果为助，五畜为益，五菜为充。”但事实上，以农作物和驯化动物为主的饮食结构是比较脆弱的，无法预测的低温、干旱、洪水、风暴等气候变化正在严重影响食物供给。专家表示，

2050年世界人口预计将达到100亿，在不受其他环境因素影响的前提下，至少比现在多生产出60%的食物才能满足所有人的基本需求，而目前有40%的耕地正面临过度放牧、土壤流失、肥力下降等问题，长此以往，未来人类势必将出现严重的食物危机。那么，未来的食物将从何处来？

❖❖开发与利用野生动植物资源

得天独厚的气候条件和宽广辽阔的地域范围，使得我国成为世界上动植物资源最为丰富的国家之一，但目前已经被人类利用的资源十分有限。开发与利用野生动植物资源，比如低等的藻类植物和无脊椎动物等，可有效增加可食性动植物品种，为解决人类食物来源拓宽渠道。美国俄勒冈州立大学的克里斯·兰登教授曾在太平洋和大西洋的岸边发现了一种透明的红色海藻，叶子色彩明亮且充满韧性，油炸过后其味道与咸肉无异。经研究发现，该红藻蛋白质含量十分丰富，且生产成本较低，符合未来食物的要求。

❖❖人工合成食物

人工合成食物又称人造食物，是指人类利用一系列科技手段去合成自然界中原本不存在的食物，是未来人类食物的重要来源之一。例如，为解决人类对蛋白质的大量需求，通过非农业生产途径研制出单细胞蛋白质，俗称“人选肉”；荷兰马斯特里赫特大学马克·波斯特教授利用人工培育出大量的牛肌肉纤维，并通过完全用手揉捏制成了第一块儿“人造肉”，其味道与普通牛肉并无差异；为了防止吃油长胖，美国研制出了一种蔗糖聚酯，与食用油和脂肪相似，但是不含能量。

▶▶你吃的食品安全吗？

“民以食为天，食以安为先。”如何保证食品安全，让人吃得健康、吃得放心，是百姓心中“天大的事”。那么什么是食品安全呢？食品安全与食品卫生、食品质量是什么关系呢？

世界卫生组织（WHO）将食品安全定义为“对食品按其原定用途进行制作、食用时不会使消费者健康受到损害的一种担保”，将食品卫生定义为“为确保食品安全性和适用性在食物链的所有阶段必须采取的一切条件和措施”。这样看来，食品安全和食品卫生的区别在于，第一，两者的范围不同。食品安全包括食品（食物）种植、养殖、加工、包装、储存、运输、销售和消费等环节的安全，而食品卫生通常不包括种植、养殖环节的安全。第二，两者的关注点不同。食品安全关注结果安全与过程安全的完整统一。虽然食品卫生也关注上述两个要素，但更注重过程安全。食品质量，指的是食品满足消费者明确或者隐含需要的特性，比如一款食品，它的营养成分是否达到要求。

我们可以从四个方面深层理解食品安全的含义。

第一，食品安全是一个综合概念，包括了食品卫生、食品质量等相关方面的内容以及上文涉及的多个环节。

第二，食品安全是一个社会概念。不同于卫生、营养和质量科学的概念，食品安全是一个社会治理的概念。在不同的国家和不同的时期，食品安全的突出问题和治理要求是不同的。在发达国家，食品安全主要关注的是科学技术发展所带来的问题，例如转基因食品对人类健康的影响；在发展中国家，食品安全关注的是市场经济发展不成熟所带来的问题，例如假冒伪劣、有毒有害食品。中国的食品安全问题涵盖了上述内容。

第三，食品安全是一个政治概念。无论是在发达国家还是在发展中国家，食品安全都是政府和企业必须对社会承担的最基本的责任和承诺。食品安全与生存权密切相关，具有特殊性和强制性，通常属于政府担保或政府强制的范畴。食品安全往往与发展权有关，发展权具有等级性和选择性，通常属于商业选择或政府倡导的范畴。近年来，国际社会逐渐用食品安全取代了食品卫生和食品质量的概念，凸显了食品安全的政治责任。

第四，食品安全是一个法律概念。20 世纪 80 年代以来，从社会系统工程建设的角度来看，一些国家及相关国际组织逐步将健康、质量、营养等立法内容替换为食品安全的综合立法。例如，1990 年英国颁布了《食品安全法》，2000 年欧盟发表《食品安全指导白皮书》，2003 年日本制定了《食品安全基本法》。一些发展中国家也制定了《食品安全法》。综合性的《食品安全法》逐渐取代了以要素为基础的《食品卫生法》《食品质量法》《食品营养法》等，反映了时代发展的要求。

自2007年我国首次发表《中国的食品质量安全状况》白皮书以来，各级政府、行业部门以及研究机构都发表过不同形式的食品安全发展报告，总体来看，全国主要食用农产品与食品市场供应继续保持稳定的基本态势，质量安全水平继续呈现向好的基本格局，有效保障了人民群众的饮食安全。

▶▶茄子可以长在树上吗?

“风烟绿水青山国，篱落紫茄黄豆家。”自古以来，茄子便是百姓餐桌上经常出现的美食，因其营养丰富、价格实惠、口味极佳而深受人们喜爱。茄子在我国各地均有栽培，根据联合国粮食及农业组织数据，2020年中国的茄子种植面积约为77.9万公顷，产量约为3 694.3万吨，在蔬菜产业中具有重要地位。

➡➡茄子的起源与栽培历史

茄子在我国已有近2 000年的栽培历史。目前关于茄子的起源问题存在两种观点：一种认为茄子起源于古印度；另一种认为茄子起源于中国。

有日本学者记载，印度东部有茄子的原始野生种，是茄子的发祥地，后来由波斯人传入北非和阿拉伯等地，1597年才传到欧洲。我国学者认为，野生茄最早出现在印度、缅甸等区域，栽培茄广泛分布于亚洲、美洲、拉丁美洲和欧洲。

近年来，一些科研工作者通过分析印度、中国、越南和泰国茄子的亲缘关系研究了茄子的起源，结果表明，茄子起源于中国。西晋的《南方草木状》是我国最早记载茄子的书籍，关于茄子的栽培管理方法在《齐民要术》中也有相应记载，《王祯农书》中记有“茄视他菜为最耐久，供膳之余，糟腌豉腊，无不宜者，须广种之”，说明茄子在元代时就已深受人们的喜爱。

➡➡长在树上的茄子

随着栽培技术的不断进步，至民国时期，茄子便在全国范围内广泛种植，并在生产实践中因受生长环境影响而形成了各具地方特色的品种。根据表皮颜色，可将茄子分为紫红茄、紫黑茄、黑茄、绿茄、白茄以及其他中间类型；根据形状，可将茄子分为长茄、灯泡茄、圆茄、卵圆茄几个类型。一般来说，茄子植株低矮，从种子萌发、开花结果到枯萎死亡不到一年时间。但有不少古文记载，摘茄子需爬上梯子，唐代刘恂在《岭表录异》中写道：“南中草莱，经冬不衰，故蔬园之中，栽种茄子，宿根有二三年，渐长枝干，乃为大树，每夏秋熟，则梯树摘之。”茄子可以长在树上,这是真的吗?

近年来,随着科技的不断进步,古文中“长在树上的茄子”终于出现在人们的视野中。2020 年 10 月,位于武汉市江夏区段岭庙村的华中农业大学教学科研实习基地内,一行行挂满果实的茄子树正在阳光下茁壮成长,这便是华中农业大学叶志彪教授经过 10 年潜心研究取得的成果——茄子树。茄子树是通过茄科植物的种间杂交而选育出来的优质砧木品种,母本为野生茄,嫁接后可结茄子、西红柿、辣椒等茄科作物。茄子树嫁接后可一年种,多年收,四季挂果,产量是普通茄子的 5 倍,其对普通茄子常见的病虫害如黄萎病、青枯病、根结线虫病等有极强的抗性,有害重金属含量远低于国家标准,且品质、口感更佳。

还有一种长在树上的白茄子,形状似鸡蛋,被称为白蛋茄,是茄子中的“白富美”,主要用于盆栽观赏或庭院种植。茄子的颜色主要是由花青素和叶绿素共同决定的,正常情况下,茄子在成熟过程中,叶绿素逐渐降解,花青素逐渐合成,于是就变成了紫色;绿色的茄子是因为缺失了合成花青素的基因,所以始终维持着绿色;白色的茄子则是在成熟过程中,叶绿素被正常降解,但花青素的合成受到阻碍,所以变成白色。白蛋茄可以食用,在鸽子蛋大小时,白蛋茄果实肉厚、口感鲜嫩,既可凉拌又可炒食。此外,白蛋茄的皮还具有药用价值,可用于祛斑美容、治

疗风湿关节痛等。

▶▶"多莉"的前世今生

"多莉"是第一个成功克隆的人工动物，它证明了一个哺乳动物的特异性分化的细胞也可以发展成一个完整的生物体。

社会的发展有赖于科学技术的进步，生命科学在理论上的创新和技术上的进步必将给农业生产及人类的生活带来重大的变革。无性繁殖为农作物育种提供了方便，作为地球上和高等植物是孪生兄弟的高等动物，能否像果树嫁接一样用无性繁殖推广它的优良品种呢？"多莉"克隆羊的诞生为这一梦想带来了一线曙光。

➡➡"多莉"的诞生

Nature 曾于 1997 年报道了一项轰动世界的科研成果：1996 年 7 月 5 日，英国爱丁堡罗斯林研究所的伊恩·维尔穆特博士及其团队，利用克隆技术，用一只成年绵羊的乳腺细胞成功培育出一只与该绵羊完全一致的小绵羊，取名"多莉"(Dolly)。"多莉"是世界上第一个被成功克隆的哺乳动物，"多莉"的诞生也因此成为科学界克隆成就的一大飞跃，该成果被 *Science* 评为 1997 年世界十大科技进步之首，标志着生物技术新时代的来临。

"多莉"的诞生经历了一个十分曲折的过程。"多莉"

的细胞核是由一只怀孕的芬兰多塞特白面母绵羊提供的（供体细胞），卵细胞是由一只苏格兰黑面母绵羊提供的（受体细胞），羊胚胎则发育在另外一只苏格兰黑面母绵羊的子宫中。“多莉”是在经历了 277 次核移植，产生 29 个胚胎，转化了 13 只代孕母羊后，唯一幸存下来的克隆羊，她与芬兰多塞特白面母绵羊的外貌一模一样，就像一对相差 6 岁的双胞胎。

➡➡“多莉”的家庭成员

目前，关于谁是“多莉”父母的问题说法不一，有人认为“多莉”没有父亲，只有芬兰多塞特白面母绵羊和两只苏格兰黑面母绵羊这三个母亲；但也有人认为“多莉”无父无母，因为克隆技术的原理是无性繁殖，不是繁育，又何来的父母呢？虽然“多莉”的父母并不明确，但她在英国爱丁堡罗斯林研究所生活的日子里结识了一位“丈夫”——一只威尔士山羊，并生下了 6 个健康的“孩子”。

➡➡“多莉”的早夭

2003 年 2 月，“多莉”因患有严重的进行性肺病于英国爱丁堡罗斯林研究所去世，尸体被制成标本保存在苏格兰国家博物馆。正常来说，绵羊一般能活 12 年左右，而“多莉”只活了 6 年，她的早夭引起了人们对克隆动物的争议。

有的科学家认为，克隆动物普遍存在早衰现象，因

为它们从一出生起，身体的各种生命特征就与被克隆的个体相同，所以它们的寿命自然被缩短，“多莉”也是如此。其实，罗斯林研究所早在1999年就发表过一份关于“多莉”未老先衰迹象的报告；2002年1月，研究所证实“多莉”患上了关节炎，这一般出现在老年羊身上；2003年2月，“多莉”被检查出进行性肺病，这也是羊类动物易患的一种“老年性疾病”。以上证据都指向“多莉”的早夭是由克隆动物的早衰引起的。但也有人认为，以上证据并不能充分说明“多莉”死于早衰，因为即使是一只正常的普通绵羊被长时间关在室内，整天不运动，也未必会身体健康。因此，“多莉”的早夭是克隆动物的普遍规律还是只是个例，目前还未能得出十分确切的结论。

➡➡“多莉”与现代克隆技术

“多莉”并非世界上第一只克隆动物。早在1952年，英国科学家就通过将青蛙受精卵的细胞核移植到卵细胞中成功克隆出了成体青蛙；1963年，我国科学家童第周在世界上首次成功克隆了亚洲鲤鱼；1984年、1986年和1994年，各国科学家利用胚胎分裂技术分别成功地对高等动物羊、鼠和牛进行了克隆；1993年，美国研究人员甚至以胚胎切割技术成功克隆了人的胚胎……以上研究都同样涉及了“克隆”，但为何没有像“多莉”一样受到如此大的关注？

一方面，与植物相比，动物细胞的克隆十分困难，因为植物的根、茎、叶等器官都可以发育成完整且相同的植株，但已发育成动物眼睛、内脏的体细胞是否能发育成完整的动物个体呢？“多莉”之前的动物克隆都是以未分化的胚胎细胞作为供体细胞的，而“多莉”是世界上第一个采用成年动物的体细胞完成克隆的动物，她的诞生推翻了高度分化的体细胞不能重新发育成新个体的百年理论，实现了遗传学的重大突破。

另一方面，“多莉”的诞生充分说明了克隆技术对保持牲畜品质的优良性状具有重大意义。长期以来，人们一直为常规育种周期长，且无法保证100%的纯度而苦恼，而应用克隆技术繁殖优良物种，不仅能保证从同一个体中复制出大量完全相同的纯正品种，而且周期短、选育的品种性状稳定。以“多莉”为代表的克隆技术对挽救大熊猫、金丝猴等濒危物种也将产生重要作用。

▶▶苏东坡与农学

一直以来，中国的读书人就认为农学是一个不太体面的行业，学稼、学圃被视为“小人之事”，难登大雅之堂，这严重限制了当时农业的发展。北宋初年，迫于生计，士人学者对农学的态度开始改变，逐渐对农业生产者的劳动进行提炼、加工，甚至加入自己的心得，形成文字农书，

在读书人中传播,促进了农业的快速发展。苏轼便是宋代士人的最典型代表。

➡➡苏轼对农学知识的获取

苏轼(1037—1101),字子瞻,号东坡居士,世称苏东坡,眉州眉山(今四川省眉山市)人,是北宋时期成就卓著的文学家,"唐宋八大家"之一。苏轼是我国古代文学史上罕见的全才,不仅在文学艺术方面有着极高的成就,而且在农学、水利、医药等领域也有很深的造诣。虽然他没有任何的农学著作问世,但他在农学上的贡献却无法被掩盖。

中国是一个传统的农业社会,无论是出身于书香门第的士人,还是生长于田间地头的农民,都不可避免地会接触农业。家庭是当时农业社会的基本单位,每个成员对农业生产都相当了解,在农学知识的创造和传承方面都起到重要作用。苏轼的故乡眉州位于成都平原西南部,正是农业最发达的地区之一,主产水稻。苏轼在老家眉山生活了整整23年,从小的耳濡目染使他对当地的农业十分了解,尤其对种稻比较熟悉,曾在《东坡八首》(其四)中一再提到蜀人的种稻经验:

种稻清明前,乐事我能数。毛空暗春泽,针水闻好语。分秧及初夏,渐喜风叶举。月明看露上,一一珠垂缕。秋来霜穗重,颠倒相撑拄。但闻畦陇间,蚱蜢如风雨。新春便入甑,玉粒照筐筥。我久食官仓,红腐等泥土。行当知此味,口腹吾已许。

苏轼于徐州任职期间，见到西川与东亚地区一样，水稻生长季因温湿度过高导致杂草疯长现象十分严重，若不及时除草将对后期稻米的产量造成威胁。

除了从小的耳濡目染，苏轼对农学知识的了解还在于他的“读万卷书”和“行万里路”。苏轼出身于书香世家，读书使他获得了广博的知识。“生十年，父洵游学四方，母程氏亲授以书，闻古今成败，辄能语其要。”（《宋史·苏轼传》）但苏轼一生仕途坎坷，后三十余年一直辗转于全国各地，其间先后到过杭州、密州、徐州、黄州、扬州、惠州等数十个地方任职。每到一处，他都会与当地农民进行充分交流，了解风土人情和农业发展。在杭州任职期间，苏轼发现浙西地区的水稻种植一直受到雨水的侵袭，尤其是在播种和收获两个季节，导致收成没有保障，他最后利用“高田秧稻”的办法解决了这个问题，即将水稻播种日期推迟至四月，采用高田育秧，待五六月时再进行移栽，这样既躲避了水灾，又解决了水退后有效生产时间不充足的问题。此后，这个方法一直被江南地区用来应对季节性水灾。

➡➡苏轼对农学知识的传播

苏轼在获取农学知识的同时，也对农学知识进行了广泛传播。元丰三年（1080），苏轼因“乌台诗案”被贬至黄州（今湖北黄冈）任地方官，对农业种植、水利建设、防治病虫害、推广应用先进农业技术等都十

分关注，做了许多卓有成效的工作。苏轼躬耕东坡，很自然地把蜀人的种稻经验在这里做了一次“嫁接”，不仅将家乡的种稻知识带到了黄州，而且在频繁的流动中不断传播种稻知识，其号“东坡居士”就由此而来。

苏轼在宋代农业史上还有一件事值得一提，即他大力推广先进的农业拔秧工具——秧马。绍圣元年（1094），苏轼被贬惠州，在去往惠州的途中，于江西庐陵西昌偶遇了宣德致仕郎曾安止。曾安止将自己写的《禾谱》给苏轼看，苏轼看过之后觉得该书虽然叙述翔实，却缺少农器，于是向曾安止介绍了秧马，并作《秧马歌》用以推广秧马。据记载，苏轼当时为了推广秧马，尽自己所能地动用各种社会关系，不仅口传身授，还亲自参与样式和样品的制作，经过十余年的努力，秧马的足迹终于遍布湖北、江西、广东、浙江、江苏等地。经过苏轼和后来者的宣传，秧马和《秧马歌》也顺理成章地被录入了《王祯农书》中，苏轼对秧马的传播成为农业史上农业技术传播的一个经典案例。

苏轼作为宋学四大流派之一——苏门学派的领军人物，在自然科学方面也做出了重要的贡献。他从发展农业生产和改善农民生活的角度出发，将农业生产的稳定视为国家政权稳定的基石，其农业思想在当今仍具有非凡的时代意义。

参考文献

[1] 程民生. 论“耕读文化”在宋代的确立[J]. 社会科学战线，2020(06)：93-102.

[2] 杜世平，李春莲，赵凯. 强化农业院校农学专业本科生实践能力培养的对策[J]. 中国农业教育，2013(01)：47-50.

[3] [美]阿莫斯图. 食物的历史[M]. 何舒平，译. 北京：中信出版社，2005.

[4] 胡火金. 天人合——中国古代农业思想的精髓[J]. 农业考古，2007(01)：104-109.

[5] 李根蟠. 农业科技史话[M]. 北京：社会科学文献出版社，2011.

[6] 刘宏波，崔鹏. 基于“新农科”理念的农学专业综合实习课程改革探索——以浙江农林大学为例[J]. 高教学刊，2021(08)：121-124.

[7] 刘学英. “绿色革命”之父诺曼·博洛格[J]. 生命世界，2021(02)：6-7.

［8］ 刘增亮．生物工程技术在食品工业领域中的应用［J］．现代食品，2021(01)：107-109.

［9］ 陆超．读懂乡村振兴:战略与实践［M］．上海:上海社会科学出版社,2020.

［10］ 孙宝国，王静．中国食品产业现状与发展战略［J］．中国食品学报，2018，18(08)：1-7.

［11］ 邹德秀．世界农业科学技术史［M］．北京：中国农业出版社，1995.

［12］ Fung F，Wang HS，Menon S．Food safety in the 21st century［J］．Biomedical Journal，2018(41)：88-95.

［13］ García-Sancho M．Animal breeding in the age of biotechnology：the investigative pathway behind the cloning of Dolly the sheep［J］．History and Philosophy of the Life Sciences，2015(37)：282-304.

［14］ Machado Nardi V A，Auler D P，Teixeira R．Food safety in global supply chains：A literature review［J］．Journal of Food Science，2020(85)：883-891.

［15］ Wilmut I，Schnieke A E，McWhir J，et al．Viable offspring derived from fetal and adult mammalian cells［J］．Nature，1997(385)：810-813.

“走进大学”丛书拟出版书目

什么是机械？ 邓宗全 中国工程院院士
哈尔滨工业大学机电工程学院教授(作序)
王德伦 大连理工大学机械工程学院教授
全国机械原理教学研究会理事长
什么是材料？ 赵 杰 大连理工大学材料科学与工程学院教授
宝钢教育奖优秀教师奖获得者
什么是能源动力？
尹洪超 大连理工大学能源与动力学院教授
什么是电气？ 王淑娟 哈尔滨工业大学电气工程及自动化学院院长、教授
国家级教学名师
聂秋月 哈尔滨工业大学电气工程及自动化学院副院长、教授
什么是电子信息？
殷福亮 大连理工大学控制科学与工程学院教授
入选教育部“跨世纪优秀人才支持计划”
什么是自动化？ 王 伟 大连理工大学控制科学与工程学院教授
国家杰出青年科学基金获得者(主审)
王宏伟 大连理工大学控制科学与工程学院教授
王 东 大连理工大学控制科学与工程学院教授
夏 浩 大连理工大学控制科学与工程学院院长、教授
什么是计算机？ 嵩 天 北京理工大学网络空间安全学院副院长、教授
北京市青年教学名师
什么是土木工程？ 李宏男 大连理工大学土木工程学院教授
教育部“长江学者”特聘教授
国家杰出青年科学基金获得者
国家级有突出贡献的中青年科技专家

什么是水利？	张　弛	大连理工大学建设工程学部部长、教授
		教育部“长江学者”特聘教授
		国家杰出青年科学基金获得者
什么是化学工程？		
	贺高红	大连理工大学化工学院教授
		教育部“长江学者”特聘教授
		国家杰出青年科学基金获得者
	李祥村	大连理工大学化工学院副教授
什么是地质？	殷长春	吉林大学地球探测科学与技术学院教授(作序)
	曾　勇	中国矿业大学资源与地球科学学院教授
		首届国家级普通高校教学名师
	刘志新	中国矿业大学资源与地球科学学院副院长、教授
什么是矿业？	万志军	中国矿业大学矿业工程学院副院长、教授
		入选教育部“新世纪优秀人才支持计划”
什么是纺织？	伏广伟	中国纺织工程学会理事长(作序)
	郑来久	大连工业大学纺织与材料工程学院二级教授
		中国纺织学术带头人
什么是轻工？	石　碧	中国工程院院士
		四川大学轻纺与食品学院教授(作序)
	平清伟	大连工业大学轻工与化学工程学院教授
什么是交通运输？		
	赵胜川	大连理工大学交通运输学院教授
		日本东京大学工学部 Fellow
什么是海洋工程？		
	柳淑学	大连理工大学水利工程学院研究员
		入选教育部“新世纪优秀人才支持计划”
	李金宣	大连理工大学水利工程学院副教授
什么是航空航天？		
	万志强	北京航空航天大学航空科学与工程学院副院长、教授
		北京市青年教学名师
	杨　超	北京航空航天大学航空科学与工程学院教授
		入选教育部“新世纪优秀人才支持计划”
		北京市教学名师

什么是环境科学与工程?

陈景文 大连理工大学环境学院教授
教育部“长江学者”特聘教授
国家杰出青年科学基金获得者

什么是生物医学工程?

万遂人 东南大学生物科学与医学工程学院教授
中国生物医学工程学会副理事长(作序)

邱天爽 大连理工大学生物医学工程学院教授
宝钢教育奖优秀教师奖获得者

刘　蓉 大连理工大学生物医学工程学院副教授

齐莉萍 大连理工大学生物医学工程学院副教授

什么是食品科学与工程?

朱蓓薇 中国工程院院士
大连工业大学食品学院教授

什么是建筑? **齐　康** 中国科学院院士
东南大学建筑研究所所长、教授(作序)

唐　建 大连理工大学建筑与艺术学院院长、教授
国家一级注册建筑师

什么是生物工程?

贾凌云 大连理工大学生物工程学院院长、教授
入选教育部“新世纪优秀人才支持计划”

袁文杰 大连理工大学生物工程学院副院长、副教授

什么是农学? **陈温福** 中国工程院院士
沈阳农业大学农学院教授(作序)

于海秋 沈阳农业大学农学院院长、教授

周宇飞 沈阳农业大学农学院副教授

徐正进 沈阳农业大学农学院教授

什么是医学? **任守双** 哈尔滨医科大学马克思主义学院教授

什么是数学? **李海涛** 山东师范大学数学与统计学院教授

赵国栋 山东师范大学数学与统计学院副教授

什么是物理学? **孙　平** 山东师范大学物理与电子科学学院教授

李　健 山东师范大学物理与电子科学学院教授

什么是化学？	陶胜洋	大连理工大学化工学院副院长、教授
	王玉超	大连理工大学化工学院副教授
	张利静	大连理工大学化工学院副教授
什么是力学？	郭　旭	大连理工大学工程力学系主任、教授 教育部“长江学者”特聘教授 国家杰出青年科学基金获得者
	杨迪雄	大连理工大学工程力学系教授
	郑勇刚	大连理工大学工程力学系副主任、教授
什么是心理学？	李　焰	清华大学学生心理发展指导中心主任、教授（主审）
	于　晶	辽宁师范大学教授
什么是哲学？	林德宏	南京大学哲学系教授 南京大学人文社会科学荣誉资深教授
	刘　鹏	南京大学哲学系副主任、副教授
什么是经济学？	原毅军	大连理工大学经济管理学院教授
什么是社会学？	张建明	中国人民大学党委原常务副书记、教授（作序）
	陈劲松	中国人民大学社会与人口学院教授
	仲婧然	中国人民大学社会与人口学院博士研究生
	陈含章	中国人民大学社会与人口学院硕士研究生 全国心理咨询师（三级）、全国人力资源师（三级）
什么是民族学？	南文渊	大连民族大学东北少数民族研究院教授
什么是教育学？	孙阳春	大连理工大学高等教育研究院教授
	林　杰	大连理工大学高等教育研究院副教授
什么是新闻传播学？		
	陈力丹	中国人民大学新闻学院荣誉一级教授 中国社会科学院高级职称评定委员
	陈俊妮	中国民族大学新闻与传播学院副教授
什么是管理学？	齐丽云	大连理工大学经济管理学院副教授
	汪克夷	大连理工大学经济管理学院教授
什么是艺术学？	陈晓春	中国传媒大学艺术研究院教授